居家
家康
健花
草

王茂良　编著

U0324953

天津出版传媒集团

 天津科技翻译出版有限公司

图书在版编目(CIP)数据

居家健康花草 / 王茂良编著.—天津：天津科技翻译出版
有限公司,2012.10
ISBN 978-7-5433-3066-5

Ⅰ.①居… Ⅱ.①王… Ⅲ.①观赏园艺 Ⅳ.①S68

中国版本图书馆 CIP 数据核字(2012)第 200978 号

出　　　版：天津科技翻译出版有限公司
出 版 人：刘 庆
地　　　址：天津市南开区白堤路 244 号
邮政编码：300192
电　　　话：022-87894896
传　　　真：022-87895650
网　　　址：www.tsttpc.com
印　　　刷：天津市蓟县宏图印务有限公司
发　　　行：全国新华书店
版本记录：700×960　16 开本　10.75 印张　150 千字
　　　　　2012 年 10 月第 1 版　2012 年 10 月第 1 次印刷
　　　　　定价：22.00
(如发现印装问题,可与出版社调换)

前　言

　　花草是上天赐给人类最好的礼物。1984 年,美国太空总署公布的研究报告表明,在密闭空间里,植物是净化空气的重要元素,植物通过自身气孔、根系的吸收等过程,对空气中有毒物质加以分解,它们可以增加空气湿度,去除污染物,抑制空气中的有害微生物。

　　本书针对室内不同的污染物,如甲醛、二甲苯、甲苯、

TVOC 等,向读者介绍最适合的植物,以改善室内空气的品质,活氧排毒。现在就准备把适宜的花草搬回家吧!

　　植物最崇高的任务,绝不仅止于以颜色提供人们视觉的享受,以果实提供人们口腹的饱食,它们更大的价值在于,默默吞噬了存在于大气中及我们住家周遭许多不纯净且对我们有害的物质。如果一间房子里,植物能够健康良好地生长,这间房子肯定比没有半株植物的房子来得干净,而且有益健康。制造新鲜空气,从选对植物开始,从本书开始!

目 录

空气凤梨　　橡皮树　　吊兰　　绿萝

珍珠吊兰　　袖珍椰子　　香龙血树　　垂叶榕

苏铁　　口红花　　红掌　　合果芋　　花叶万年青

棕竹　　马拉巴栗　　无花果　　鸟巢蕨　　白鹤芋

花叶芋　　仙人掌　　非洲菊　　鹅掌柴　　彩叶草

一品红
135 页

长春花
136 页

霸王鞭
138 页

银边翠
139 页

郁金香
140 页

含羞草
141 页

喇叭水仙
142 页

马蹄莲
144 页

夜丁香
145 页

滴水观音
146 页

百合花
148 页

凤仙花
149 页

紫荆花
150 页

春兰
151 页

虎刺梅
152 页

CHAPTER 1

有毒空气报警花草

牡丹

学名/拉丁名:Paeonia suffruticosa
英文名:Subshrubby Peony、Tree Peony
别名:百花王、骄傲花王、鹿韭、木芍药、
花王、洛阳王、富贵花等
科属:芍药科、芍药属
产地:中国西部秦岭和大巴山一带山区

主要监测臭氧、二氧化硫、光烟雾。

当空气中臭氧含量超过1%，牡丹的叶片上会出现斑点，随着污染程度的不同，叶片会呈现淡黄色、赤褐色、灰白色等。

4月。

喜阳光充足的环境，亦可耐半阴，但不要过度荫蔽，可在室内阳光充足处栽培。

稍耐干旱，忌积水。盆土应适当保持湿润。

全年一般施3次肥，第1次为花前肥，施速效肥，促其花开大、开好。第2次为花后肥，追施1次有机液肥。第3次是秋冬肥,以基肥为主,促翌年春季生长。

喜温凉气候,较耐寒,不耐热,夏季应经常向植株喷水降温。

喜疏松肥沃、通气良好的沙壤土,忌黏土,以中性土壤为宜。

适宜摆放在客厅或向南的阳台,不宜放卧室内。

圆满,浓情,富贵,雍容华贵。

金盏菊

学名/拉丁名: Calendule officinalis
英文名: potmarigold calendula
别名: 金盏花、黄金盏、长生菊、醒酒花、常春花、金盏等
科属: 菊科、金盏菊属
产地: 南欧和北非

主要监测二氧化碳、氰化物、硫化氢。

当空气中二氧化碳超标时,叶片呈暗绿色水渍状斑点,干后呈现灰白色,叶脉间有不定形斑点,褪绿、黄化。

3~6 月。

较耐寒,喜欢冷凉湿润、阳光充足的生长环境。

稍耐干旱,生长期浇水不宜过多,保持盆土湿润即可,忌积水。

对肥水要求较多,遵循"淡肥勤施、量少次多、营养齐全"的施肥原则,在施肥过后要保持叶片和花朵干燥。春秋两季是生长旺季,室外养护的 1~4 天施肥一次,室内养护的 2~6 天施肥一次。夏季高温期进入休眠状态,要控肥控水,肥水交替,室外养护的间隔 3~5 天施一次,室内养护的间隔 4~7

天施一次。在冬季休眠期,间隔周期为 7~10 天。

生长适温为 15℃~20℃,不耐高温,夏季气温超过 30℃生长就会受到限制。

对土壤要求不严,但以疏松肥沃的土壤为佳。

用数盆点缀窗台或阳台,金黄色花朵能使居室更加明亮、舒适。

少女的美姿;一丝不苟;惜别。

杜鹃

学名/拉丁名:*Rhododendron simsii*, *Azalea*

英文名:*Rhododendron*

别名:映山红、满山红、山踯躅、红踯躅、山
石榴等

科属:杜鹃花科、杜鹃花属

产地:最有可能是中国西南部至中部地区

(监)(测)(功)(用)

主要监测二氧化硫、一氧化氮、二氧化氮。

(监)(测)(提)(示)

对污染空气的指示表现为叶片上出现斑纹,叶片边缘开始枯萎。

(花)(期)

4~5月。

(光)(照)

喜半阴,忌曝晒,可在室内稍遮阴处栽培。

(水)(分)

喜湿润,怕积水。

(肥)(料)

喜肥却忌浓肥。2~3月每隔10天施一次氮、钾淡肥,促枝叶生长。4~6月的花期每隔5天一次,磷肥为主,钾肥为辅。温度高于28℃时停止施肥。冬季应少施肥。

(温)(度)

喜温暖。有一定的耐寒性。

(土)(壤)

酸性土壤,忌干燥。

(场)(所)

不要摆放在卧室中,一般应放在客厅里,以免和人争氧。杜鹃的习性更适合摆放在庭院和阳台中。

(花)(语)

永远属于你,代表爱的喜悦,欣喜,节制。

天竺葵

学名/拉丁名：*Pelargonium hortoram*

英文名：*Pelargonium*

别名：石腊红、入腊红、日烂红、洋葵

科属：牻牛儿苗科、天竺葵属

产地：南非

监测功用

主要监测二氧化硫、甲醛、氟化氢。

监测提示

对污染空气的指示表现为轻者叶子边缘变黄,叶脉间出现暗绿色斑点,重者叶子黄化直至褐色焦枯。

花期

10月~翌年6月。

光照

喜阳植物,生长期需要充足的阳光。但是夏季休眠期需要将花盆移至阴凉通风处或北面窗台。

水分

春秋两季为生长旺季,需加强水肥管理,夏季忌积水,要严格控制浇水量,保持盆土湿润即可。

肥料

在培养土里混入全基肥,进入花期时,每隔1~2星期施用一次液态肥。

喜温暖，冬季室温不能低于15℃，夏季忌高温，温度超过35℃即停止生长，进入休眠状态。

以富含腐殖质、排水良好的沙壤土为佳。

（场）（所）

卧室。天竺葵的花香与玫瑰相近，价格却比玫瑰便宜，所以逐渐成为玫瑰的取代品。天竺葵可以为我们的卧室提供玫瑰花园般的气息，帮助我们调节激素分泌、刺激淋巴系统的排毒，并可以平衡皮肤油脂的分泌。同时，天竺葵是一种安全无害的驱虫剂，既经济实惠又浪漫。

（花）（语）

偶然的相遇，幸福就在你身边。

红色天竺葵：你在我的脑海中挥之不去。

粉红色天竺葵：很高兴能陪在你身边。

四季秋海棠

学名/拉丁名:*Begonia semperflorens*

英文名:*Fourseasons begonia*

别名:蚬肉秋海棠、玻璃翠、四季秋海棠、瓜子

科属:秋海棠科、秋海棠属

产地:巴西

主要监测臭氧、氯化物、二氧化氮、二氧化碳。

遭遇有毒气体时，叶片会出现斑点。能吸收二氧化氮气体。

从夏到冬。

喜半阴环境，忌阳光直射，可在室内稍遮阴处栽培。

喜湿，保持盆土中有充足的水分，忌干旱和积水。

生长期要注意施肥管理，每隔 10~15 天施 1 次腐熟发酵过的 20% 豆饼水，菜子饼水，鸡、鸽粪水或人粪尿液肥。要掌握"薄肥多施"原则，施肥后要用喷壶在植株上喷水，以防止肥液粘在叶片上引起黄叶。夏季和冬季少施或停止施肥。

适宜的温度 18℃~22℃。较耐寒。夏季要经常向叶片喷水降温。

腐殖质含量高的疏松土壤。

适宜小型盆栽观赏，春夏季节放在阳台和窗台檐下，秋冬可移到室内，用来点缀书房书桌、案头、客厅茶几、餐厅台桌等。

相思，呵护，诚恳，单恋，苦恋。

美人蕉

学名/拉丁名：*Canna indica*
英文名：*Canna、Indian shot*
别名：大花美人蕉、红艳蕉等
科属：美人蕉科、美人蕉属
产地：印度及南美洲热带及亚洲热带

监测功用

主要监测氟化氢、二氧化硫、氯化氢、氯气。

监测提示

美人蕉的叶片对氟化氢非常敏感，如果空气中的有害气体浓度超标，叶片由绿变白，花朵脱落。

花期

5~8 月。

光照

喜光照充足环境。

水分

美人蕉的块状根茎忌水涝，浇水宜见干见湿。

肥料

栽植前施足基肥。生长期每月追施 3~4 次稀薄饼液肥。植株长至 3~4 片叶后，每 10 天追施一次液肥，直至开花。

温度

生长适温 20℃~25℃。

土壤

排水良好、腐殖质丰富的土壤最为适宜。

场所

喜阳光充足、通风良好的环境，可在矮化处理后摆放在阳台养殖。

花语

坚实的未来。

矮牵牛

学名/拉丁名：*Petunia hybrida*
英文名：*Petunia*，*Common Petunia*
别名：碧冬茄、杂种撞羽朝颜、灵芝牡丹、毽子花、矮喇叭、番薯花、撞羽朝颜等
科属：茄科、碧冬茄属或矮牵牛属
产地：原产于南美洲阿根廷

主要监测臭氧、二氧化氮。

矮牵牛遇到有毒气体时，叶片会出现斑点，叶缘枯黄。

4~10月底。

喜阳光充足。

忌积水，开花期要及时的补充水分，夏季要向叶片喷水降温。

在土壤中施用稀薄豆饼肥水。每半月施1次腐熟饼肥水，花期增施2~3次过磷酸钙。矮牵牛不宜施肥过多，过量施肥会使其植株徒长、倒伏而使花量减少。花期需多施含磷钾的液肥，使之开花不断。

不耐寒，喜温暖。如果室内温度保持在15℃~20℃，可四季开花。冬季温度不要低于10℃。

排水良好的沙质土。

喜光照，适宜摆放在阳光充足的阳台，冬天可移至向南的窗台。

安全感，与你同心；有你我就觉得温馨。

萱草

学名/拉丁名：*Hemerocallis fulva*

英文名：*Hemerocallis，Day lily*

别名：金针、黄花菜、忘忧草、宜男草、疗愁、鹿箭等

科属：百合科、萱草属

产地：中国、西伯利亚、日本和东南亚

 监测功用

主要监测氟化氢。

 监测提示

萱草对氟化氢气体反应很敏感，遇到氟化氢气体，叶子尖端会变成褐红色。

 花期

6~7月。

 光照

喜阳光充足环境，也可半阴，在荫蔽环境中生长不良，不宜强光直射，盛夏需要遮阴。

 水分

较耐干旱，忌积水，盆土保持湿润即可。

 肥料

喜肥，播种时底肥要充足。幼苗期孕蕾期和盛花期要各施肥一次。

温度

耐寒，适宜温度为15℃~25℃。

土壤

排水良好的沙质土。

场所

喜光照,适宜摆放在阳光充足的阳台,冬天可移至向南的窗台。

花语

遗忘的爱；忘忧；母亲之花。

香石竹

学名/拉丁名: *Dianthus caryophyllus*

英文名: *carnation*

别名: 康乃馨、狮头石竹、麝香石竹、大花石竹、荷兰石竹等

科属: 石竹科、石竹属

产地: 地中海地区

监测功用

    主要监测臭氧、乙烯。

监测提示

    香石竹对臭氧和乙烯反应非常敏感,如果长期在有毒气体超标的环境下,它会茎秆细弱、叶片发黄。

春、秋两季。

喜阳光充足环境,也可半阴,在荫蔽环境中生长不良,不宜强光直射。盛夏需要遮阴防晒。

喜干燥,忌频繁浇水,盆土保持见干见湿。

喜肥,在栽植前应施以足量的烘肥及骨粉,生长期内不断追施液肥,每隔 10 天左右施一次腐熟的稀薄肥水,采花后追肥一次。

耐寒,适宜温度为14℃~21℃。

疏松、肥沃,富含腐殖质并排水良好的沙质土。

香石竹适合摆放在客厅、书房阳面的窗台上,既可提神健脑,又能增添幽雅的气氛。

温馨。大部分康乃馨代表母爱、魅力和尊敬之情。

CHAPTER 2
净化空气的元气花草

根据污染状况选择植物

客厅，人们活动比较频繁，悬浮颗粒多，菌类也多，应选择吸滞灰尘和分泌杀菌素的植物，比如吊兰、彩叶草、茉莉等。

卧室是休息入睡的场所，要创造宁静、安逸、舒适的氛围，宜摆放小型盆栽，数量以1~2盆为宜，选择多浆类仙人掌科植物为好，夜间能吸收二氧化碳，释放氧气，增加负离子浓度，净化卧室空气，有益睡眠及身心健康。

书房是学习、写作的地方，要创造安静、雅致、清新明快的生活氛围，一般也以小型盆栽为主，比如书桌上摆放文竹、红掌、兰花。书架空格里可以摆放常春藤、绿萝、吊竹梅，枝叶下垂，洒脱清逸。如果向阳有窗，可在窗台上可以摆放米兰、月季、仙客来等喜阳花草。

餐厅宜选择中小型盆栽摆设，放在不同的角落，比如棕竹、虎尾兰等，餐桌上要选小型花卉，营造清洁、淡雅、舒适的就餐环境。

厨房，家人活动也比较频繁，还有油烟等燃烧物的污染，要选择有吸滞、解毒、灭菌能力强的植物，而且要营造清洁卫生的烹调环境，比如仙人掌等。

卫生间通常偏阴湿，可以摆放绿萝、富贵竹等耐阴耐湿的植物。

有效吸收甲醛的花草

认识甲醛 HCHO

■ 居室甲醛从何而来?

在过去的 15 年间,甲醛比其他任何污染物质都引发了更大范围的争论,尤其是许多家具和地板等的甲醛释放期为 3~10 年, 对人们身体健康的危害不容忽视,而它主要来源于:

★各种人造板材(刨花板、纤维板、胶合板等)中使用的黏合剂。

★窗体顶端、窗体底端、新式家具的制作,墙面、地面的装饰铺设,都要使用黏合剂。凡是大量使用黏合剂的地方,总会有甲醛释放。

★某些化纤地毯、油漆涂料也含有一定量的甲醛。

★化妆品、清洁剂、杀虫剂、消毒剂、防腐剂、印刷油墨、纸张、纺织纤维等多种化工轻工产品。

■ 甲醛什么样?

甲醛是无色、具有强烈气味的刺激性气体,极易挥发,其 35%~40% 的水溶液通称福尔马林(就是用来防腐浸泡的液体)。它在室温下也极易挥发,室温每上升 1℃,木制品、地板等处挥发的甲醛,会使室内空气中的甲醛浓度上升 0.15~0.37 倍。

■ 甲醛对健康有哪些危害?

★甲醛是原浆毒物,能与蛋白质结合,吸入高浓度甲醛后,会出现呼吸道的严重刺激和水肿、眼刺痛、头痛,也可发生支气管哮喘。

★皮肤直接接触甲醛,可引起皮炎、色斑、坏死。经常吸入少量甲醛,能引起慢性中毒,出现黏膜充血、皮肤刺激征、过敏性皮炎、指甲角化和脆弱、甲床指端疼痛等。

★全身症状有头痛、乏力、胃痛、心悸、失眠、体重减轻以及植物神经紊乱等。

★甲醛浓度超标十倍,在居室内生活一年的人,相当于直接饮用了一酒盅福尔马林!

■■ 怎么判断是否受到甲醛的影响?

甲醛浓度高低(毫克/立方米)与身体反应:

0.06~0.07	儿童微喘
0.1	闻到异味或有不适感
0.5	刺激眼睛引起流泪
0.6	咽喉不适或疼痛
30	致人死亡

TIP 1

如果您去购买家具,可以用简易的方法来判断甲醛是否超标,如将橱柜的门打开,将头探入,如果眼睛明显有受刺激流泪的感觉,或气味特重呛人,甲醛超标的可能性就比较大了。

TIP 2

民用建筑工程室内环境污染浓度限量(国家标准)

污染物种类	Ⅰ类民用建筑工程	Ⅱ类民用建筑工程
甲醛	≤0.08 毫克/立方米	≤0.12 毫克/立方米

注:Ⅰ类民用建筑工程包括住宅、老年公寓、托儿所、学校、医院等;
　　Ⅱ类民用建筑工程包括商场、体育馆、书店、宾馆等。

TIP 3

中低度污染可选择植物去污:一般室内环境污染在轻度和中度污染、污染值在国家标准 3 倍以下的环境,采用植物并配合活性炭、竹炭净化空气能达到比较好的效果。植物摆放要根据房间的不同功能、面积的大小来选择。一般情况下,10 平方米左右的房间,1.5 米高的植物放两盆比较合适。

铁线蕨

研究表明，铁线蕨每小时能吸收大约 20 微克的甲醛，因此被认为是最有效的"生物净化器"。在办公室或新居之中，摆放一盆这样的蕨类植物无疑是明智之选。

铁线蕨枝叶秀美、质感柔软，因此被称为"少女的发丝"。小型盆栽适合放置在办公桌或窗台、茶几之上，其淡绿色的薄叶片配着乌黑光亮的细枝，显得格外优雅飘逸。

铁线蕨喜欢温暖湿润、有充足散射光的环境。栽培土壤可以用腐殖土或泥炭土，再加少量河沙和基肥混配而成。生长旺季浇水要充足，每隔 2 周左右需施 1 次薄肥，夏季宜放在室外荫棚下养护。叶丛过密时，可将老叶适当修剪，否则叶片易变黄。入冬后移入室内放于散射光处，室温保持

| 学名/拉丁名：*Adiantum capillarus-veneris* |
| 别名：铁线草、少女的发丝、铁丝草 |

10℃左右即可安全过冬。

小花草诊疗室

Q：铁线蕨的叶子为什么会变黄
　　脱落？

A：铁线蕨性喜温暖阴湿环境，
　　不耐寒，不耐旱。如果空气过
　　于干燥也会导致叶片脱落，
　　可向植株喷水增加湿度。夏
　　季要避免阳光曝晒引起叶片
　　脱落。

花草絮语

　　铁线蕨的花语是雅致、少
女的娇柔。因其枝叶秀美别致，
是良好的干花材料。如果您家
中恰好养了一株铁线蕨，不妨
剪下一枝做成标本，也很好看。

常春藤

学名/拉丁名：*Hedera nepalensis var.sinensis*

别名：*中华常春藤*

常春藤在 24 小时照明条件下，能吸收 1 立方米空间 90% 的甲醛，还能吸收 8~10 平方米居室内 90% 的苯、酚、汞、镉。它还能去除烟草释放出来的尼古丁，吸收粉尘，它散发的气味具有杀菌抑菌的功效。

常春藤有藤蔓植物的特点，因此可以用线或细铁丝搭架，使其攀爬，在客厅或书房的一侧形成绿色的瀑布。它还可以种在大型盆栽的底部增加立体感来布置厅堂。由于其种类繁多，有金边斑和银边以及三色常春藤，彼此穿插种植，相映成趣。小型植株可以作为桌饰。

绿手指小百科

常春藤喜欢温暖湿润的环境，所以在居室内要远离暖气和空调。在室

内可摆放在光线明亮处，还可摆放在半阴的环境。是比较容易栽培的植物。夏季要遮光，避免强光直射，同时保持盆土湿润，多浇水，并向叶片喷雾。春秋两季如果能将植株移到户外养护一段时间，使其早晚多见阳光，生长会更旺盛。冬季减少浇水，每隔 3~5 天向叶片喷一次水。盆土适宜用腐叶土或泥炭土。

小花草诊疗室

Q：如何保持常春藤好的株形？

A：当枝条长到一定长度时，要摘心，促使侧枝萌发，保持良好的株形。一般三年应分株更新。

花草絮语

常春藤在古今中外都有吉祥的寓意。在我国常春藤寓意为长寿和永葆青春。在欧美，表示结婚。在基督教中，常春藤为生命永存的象征。

波斯顿蕨

学名/拉丁名:*Nephrolepis exaltata var. Bostoniensis*
别名:*肾蕨*

净化功能

波斯顿蕨对室内甲醛有绝佳的净化效果，被认为是最有效的"空气净化器"。它还是一种室内环境的检测植物，可检测冬季室内的湿度状况。如果它在室内能够保持良好健康的生长状态，那么说明您的居室环境比较环保适宜居住。

适宜空间

适宜摆放在卧室和厨房，悬挂或放置在客厅的花架上，会给人以清新坦荡之美，同时又不乏古朴典雅之尊。

绿手指小百科

波斯顿蕨喜欢湿度大、凉爽、阴暗的地方，不要放在阳光下直接照射，如果叶子发黄，很可能是强光所致。夏季高温时要充分浇水，并在它的周围喷水，以增加空气湿度。冬季不要向叶面喷水，否则叶子就不再饱满光滑了。它喜欢温暖的地方，适宜温度 20℃~22℃，室温保持 5℃以上就能安全越冬。如果室内空气过于干燥，波斯顿蕨的叶子也容易变黄，这时应及时浇水，盆土选择排水良好、富含腐殖质的肥沃壤土。

小花草诊疗室

Q：如果养了很久的波斯顿蕨突然叶子变黄怎么办？

A：说明根茎多，挤满了花盆，应该在春季或夏季为它换盆或分株，同时要用剪刀把黄叶剪掉。

花草絮语

波斯顿蕨原产亚洲热带及非洲，因其孢子囊状似肾脏且其地下部球茎储水器如肾形而得名肾蕨。它的花语是丰富、满足。

散尾葵

学名/拉丁名:*Chrysalidocarpus lutescens*
别名:*黄椰子*

净化功能

　　美国一项太空实验表明，在去除室内有毒气体的综合指数中,散尾葵居第一位,它每平方米植物叶片面积24小时可以清除0.38毫克甲醛,1.57毫克的氨,对二甲苯也有很好的清除效果。它每天可以蒸发一升水,被喻为最好的天然"增湿器"。经常给植物喷水不仅可以使其保持葱绿,还能清洁叶面的气孔,促进蒸腾。

适宜空间

　　散尾葵刚直如竹,清幽挺拔,一般搭配木质家具或竹制家具,给人古朴苍劲之感。它属于大型盆栽花木,适宜摆放在客厅一角。或大型餐厅,布置书房也有清雅之美,布置办公场所也很适合。

喜欢温暖湿润、半阴且通风良好的环境,不耐寒,较耐阴,放在室内散射光比较充足的地方,夏季不要阳光直晒,盆土不要积水,否则容易烂根,越冬最低温要在10℃以上。盆土用腐叶土、泥炭土加 1/3 河沙及部分基肥。生长旺盛期,要每半个月施一次稀薄的液态肥。

Q:如何预防散尾葵出现红蜘蛛或甲壳虫?

A:周围空气干燥会造成散尾葵生红蜘蛛,平时要定期的为它喷水,注意房间的通风。

散尾葵属于棕榈科植物,提到棕榈植物,人们首先想到的是海南沿海风光,红霞满天,海水辽阔湛蓝,长长的海岸线上是树叶婆娑的椰子树。棕榈植物以优美形态深入人心。棕榈科是一个大家族,世界上已知的就有3000多种。棕榈科植物作为观赏用于庭园在世界各地流行,不少地区的人们都以拥有棕榈植物为荣,以它作为一种财富与社会地位的象征。

空气凤梨

学名/拉丁名：*Tillandsia*
别名：空气草、空气花、铁兰花

净化功能

有研究证实，空气凤梨白天吸收甲醛、苯烯类化合物，夜间吸收二氧化碳，是一种非常环保的植物。

适宜空间

空气凤梨的不同品种外形有很大差异。小型的适合家居或办公室摆放；比较大的适合单位、宾馆大堂装饰。空气凤梨造型各异，不需泥土即能长叶开花，具有很高的观赏价值。

绿手指小百科

为凤梨科空气凤梨属多年生常绿草本植物，多为气生活附生，不需要种植土壤。其品种很多，有的品种群生丛的直径可达 2 米，有的还不到 10 厘米。生长最佳温度为 15℃~25℃，冬季能耐 5℃左右的低温。对阳光的要求因品种而异，叶子较硬、呈灰色的，需要充足的阳光或较强的散射光，而叶片为绿色的品种对光线要求不是那么高，在半阴处或室内都能正常生长。生长期要经常向植株喷水，以增加空气湿度，使其正常生长。

小花草诊疗室

Q：空气凤梨为什么会烂心？

A：给空气凤梨喷水时，一定要注意不能让植株的中心处积水，如果有积水通风又不好，很容易造成烂心。

花草絮语

空气凤梨是地球上唯一完全生长于空气中的植物，可黏附于枯木上、岩石上，或放置于贝壳上、盆器上，只要根部不积水均能生长。悬挂室内点缀家居环境，既能净化空气，又清新时尚。

橡皮树

学名/拉丁名:*Ficus elastica*

别名:印度橡皮树、缅榕

净化功能

橡皮树有绿色"吸尘器"的美称,它能吸附空气中的粉尘,对甲醛的去除也有极佳的效果。

适宜空间

客厅、书房、门厅、办公室,摆放在灰尘比较多的地方。

绿手指小百科

橡皮树喜欢温暖阳光充足的环境。生长适温为25℃~30℃,气温超过35℃以上时应将其移至凉爽通风处,并喷水降温。橡皮树虽喜光,但怕盛夏强光曝晒,夏季需将其移至阴凉处或室内通风半光处。生长季节给予充足的水肥条件才能生长健壮,叶色碧绿。夏季每天早晚各浇1次水,并经常向叶面上喷水,否则叶缘易枯焦。秋冬季减少浇水量。气温达到20℃以上时,可每月施1~2次以氮肥为主的稀薄饼肥水或复合化肥。盆栽橡皮树,可采

用腐叶土 (或泥炭土)、园土、河沙各 1/3 混匀配制的培养土,另加少量骨粉或饼肥渣作基肥。

小花草诊疗室

Q:如何让家里橡皮树常年碧绿端庄?

A:家中的橡皮树,以中、小型的为好,当株高达 1 米左右时,可于早春在 60~70 厘米高处打顶,促使萌发侧枝。以后每年春季再酌情将侧枝剪短,让侧枝之上再生新枝,经过几年修剪整形,株形就会变得丰满、端庄。否则任其自然生长则树冠就会中空,仅枝条顶端有叶,降低观赏价值。但需注意,每次修剪后都要立即用胶泥(花卉市场和大型超市有卖)把切口堵住或涂上木炭粉,以免因汁液流出过多而失水枯死。

花草絮语

　　橡皮树叶片硕大浓绿,是一种既显高贵又容易养护的常见观叶植物,居家和宾馆摆设象征着招喜添财、四面逢源。

吊兰

学名/拉丁名：*Chlorophytum comosum*

别名：桂兰、折鹤兰

 净化功能

吊兰被称为"甲醛克星"，一盆吊兰能吸收 1 立方米空气中 86% 的甲醛。植物学家发现，甲醛穿过吊兰叶子时，其毒性即被吊兰叶子气孔吸收后转化成有机酸、葡萄糖和氨基酸等物质。

 适宜空间

吊兰清秀洒脱，纤柔飘逸，优雅宜人，被称为"空中花卉"，配以清雅古色紫砂盆栽种，可置于客厅高几之上，任其自然下垂，还可摆放浴室、卧室、书房、办公室，也容易成活。吊兰也可在水中培植，淡雅清新，鲜嫩可人。

 绿手指小百科

吊兰喜欢温暖湿润的环境，夏秋两季要避免强光直射，在半阴的环境即可。保持盆土湿润，经常用水清洗叶片，保持清新鲜亮。喜欢疏松、肥沃的沙壤土。生长旺盛期每

15~20天施肥一次。如果花盆比较拥挤,要分株,春季换盆,把过密的根状茎分开。也可在春季剪下带有根须的幼株直接栽在花盆中。

小花草诊疗室

Q:吊兰叶尖为何容易干枯?

A:吊兰最容易发生的生理性病害就是叶尖干枯,叶片短小。造成叶尖干枯的原因有很多种,如阳光直射、空气干燥、施肥不当等。施肥时,要注意把叶片撩起,不要沾上肥水,同时增加空气湿度,经常向叶面喷水,用清水洗净叶片,保持叶片的清洁。

花草絮语

吊兰常见的品种有:金心吊兰,叶中心有黄白色纵条纹;银边吊兰,叶边缘银白色;金边吊兰,叶边缘黄色;宽叶吊兰,叶长且较宽。吊兰还有吉祥如意、纯洁高雅的象征。

绿萝

学名/拉丁名: *Scindapsus aureus*
别名: 黄金葛、藤芋

净化功能

每平方米的绿萝叶片 24 小时可以清除 0.59 毫克甲醛, 2.48 毫克氨,是净化甲醛、氨气效果极佳的植物。需要谨慎的是绿萝的汁液有毒,碰到会引起皮肤红肿,误食也会引起中毒,因此繁殖或换盆时一定注意防护,同时避免小朋友触碰。

适宜空间

绿萝是非常优良的室内装饰植物之一,叶片娇秀,宛如翠色浮雕,可以在较宽阔的客厅墙壁上拉好铁丝,让绿萝攀缘而上,也可置于客厅的高几上,任其潇洒下垂,还可采用立柱,让其昂首向上。适宜点缀在餐厅、卧室、客厅、盥洗室,也可放在冰箱上。

绿手指小百科

喜温暖湿润的气候,生长适温 18℃~25℃,越冬温度 10℃以上。注意平时盆土湿度要足够,冬季生长缓慢,维持盆土不干燥缺水即可。绿萝蔓茎细软常延伸达 20 米以上,节处会长出气根。耐阴性强,对光照反应敏感,怕强光直射，在室内间隔一个月轮流放在光线明亮和光线不足的地方。盆土要疏松、肥沃，富含有机质，以腐叶土和泥炭土混合河沙。平时要适度浇水，保持盆土间干间湿，叶片很喜欢水分滋养，要常常向叶片喷水，尤其是夏秋季，冬季要控制水量。

Q：绿萝如何进行水培？

A：绿萝的生命力极强，可用瓷盆、壁瓶进行水养，只要采摘几条嫩壮的顶梢，把部分茎节浸入水中，数日即可生根，成活。水培要注意每周换水 1~2 次。

绿萝最早是在所罗门群岛被发现的，很快就在全世界推广，它的生命力极强，栽培形式多样，被人们称为"海陆空"植物，时下被上班族推崇。栽培它最有趣的地方就是观察它的叶片，只要它越往上长，叶片会越大，当它向下垂吊时，最下方的叶片反而会最小。

有效去除居室苯类的花草

认识苯 C_6H_6

■ 居室苯污染从何而来？

★ 苯主要来自建筑装饰中大量使用的化工原料，如涂料。在涂料的成膜和固化过程中，其中所含有的甲醛、苯类等可挥发成分会从涂料中释放，造成污染。

★ 装修用的人造板材、胶水、油漆、溶剂等也含有大量的苯、二甲苯等。

★ 图文传真机、电脑终端机也会放出苯。

■ 苯是什么样？

苯是一种无色、具有特殊芳香气味的液体，能与醇、醚、丙酮和四氯化碳互溶，微溶于水。苯具有易挥发、易燃的特点，其蒸气有爆炸性。

■ 苯对健康有哪些危害？

★ 经常接触苯，皮肤可因脱脂而变干燥，脱屑，有的出现过敏性湿疹。长期吸入苯能导致再生障碍性贫血。

★ 国际卫生组织把苯定为强烈致癌物质。

★ 较长时间吸入苯，对人们的造血系统发生损害，可导致再生障碍性贫血。

★ 妇女对苯的吸入反应格外敏感，妊娠期女性长期吸入，会导致妊娠高血压综合征、妊娠贫血等，甚至会导致流产或胎儿畸形。

■ 如何判断是否受到苯的影响？

人们称苯为"芳香杀手"，可怕之处是让你失去警觉的同时悄悄地中毒。在室内久居，会感到头痛、欲呕、步态不稳、昏迷、心律不齐。

珍珠吊兰

学名/拉丁名:String of beads
别名:情人泪、佛珠吊兰、翡翠珠、绿之铃

珍珠吊兰是居室中苯类和甲醛的克星,它由一串串圆润、翠绿、饱满的小叶子组成,被誉为"吸毒能手"。10平方米的居室中如果悬挂一盆珍珠吊兰就相当于安装了一个空气净化器,足以抵消有害气体带来的负面影响。

通风及光照充足处。

珍珠吊兰性喜富含有机质的、疏松肥沃的土壤。在温暖、空气湿度较大、强散射光的环境下生长最佳。忌荫蔽、忌高温高湿。珍珠吊兰采用扦插繁殖。将枝蔓剪成 8~10 厘米一段,平铺半埋于盆土中,开始时保持 50%~60%的湿度,半个月后即可生根成活。成活后要控制浇水量,保持盆土干湿相间的状态,有利于植株生长。

Q: 珍珠吊兰应该如何浇水？

A: 栽培中浇水应宁干勿湿，这是成功的关键之一。天气干燥时可以多向叶、蔓喷水以弥补水分的不足，保持珠体的青翠饱满。较喜半阴，曝晒可能灼伤珠体，光线过弱则生长不强。

如果您身边恰巧有一盆珍珠吊兰，请仔细看看它，珠圆玉润的一颗颗小叶子真得就像晶莹的泪珠，难怪它被叫作"情人泪"。生活和养花一样，都需要去细细地品味。

袖珍椰子

学名/拉丁名：*Collinia elegan*

别名：矮生椰子、袖珍棕、矮棕

净化功能

袖珍椰子能有效去除居室中的苯、三氯乙烯、甲醛，被称为"高效空气净化器"。

适宜空间

袖珍椰子非常适宜摆放在新装修的房间内，它植株比较娇小，叶片清秀，花果俊美，是时下颇为流行的植物佳品，适合布置客厅、餐厅、会议室等，有南国情调，还可点缀书桌，又有"书桌椰子"的昵称。适宜用古典花盆栽种。

(绿)(手)(指)(小)(百)(科)

喜欢温暖阴湿的环境,适宜温度20℃~30℃,置于散射光处,忌强光照射,否则叶片会变黄,但在比较阴暗的房间放置4~6周,影响也不大,这时需要移至窗边接受阳光调养。生长旺盛期,充分浇水保持盆土湿润。冬季休眠期(13℃进入休眠期),控制浇水,一般要等盆土干后再浇。夏季要向叶片喷水,增加湿度。在生长旺盛期,半个月施一次液态的氮肥(花卉市场有售)。春季换盆时,注意不要伤及太多的根,否则恢复很慢。盆土用富含有机质且排水良好的沙壤土为佳。

(小)(花)(草)(诊)(疗)(室)

Q:袖珍椰子与雪佛里椰子有什么区别?

A:佛里椰子又称夏威夷椰子,拉丁名为 *Chamae dorea seifrizii*,它们都是同一个科属的相似品种,它的枝茎很挺拔,不向外生长,又称为"玲珑椰子"。它们有很好的蒸发水分的作用,同时都具有去除苯、三氯乙烯、甲醛等挥发性物质的功能。

(花)(草)(絮)(语)

袖珍椰子株型小巧别致,酷似南国的椰子树,种在家中也可以领略南国风情,因此有"袖珍椰子"的美名。

香龙血树

学名/拉丁名：Dracaena fragrans
别名：巴西铁树、巴西木

叶片与根部能吸收二甲苯、甲苯、三氯乙烯、苯和甲醛，并将其分解为无毒物质。在抑制室内有害物质方面，其他植物很难与它媲美。生命力强，只要稍加关心，就能给居室带来清新优质的空气。

香龙血树富有魅力的外形，受到室内设计师的喜爱，成为都市中热销的室内植物之一。香龙血树原来多为一盆一柱，时下流行的是一盆三柱，三柱由高到低，把叶片分成三层，呈塔形结构，布置客厅一角，展现错落有致、茂密葱茏的丛林景观。还可布置办公室，它对办公室昏暗干燥环境的适应能力强。花盆一般选择有亚热带风情的瓷盆为主，时尚典雅。

喜欢温暖的环境，有很强的抗旱能力，能耐室内有空调的环境，避免阳光直射，否则会淡化叶片斑纹。生长期要供水充足，保持盆土湿润，每半个月施一次液肥，以磷、钾肥为主，氮肥要少用，否则易徒长，叶片金黄色斑纹不明显。冬季保持盆土稍干。植株长得过高，可将顶端剪去，促发下芽。花卉市场上的巴西木多用精沙土，主要

是有利于发根,长期使用不好,需更换成腐叶土、培养土和粗沙的混合土为好。

 小花草诊疗室

Q1:香龙血树买到家里发现有了病虫害如何处理?

A1:病虫害主要是藏在枝干内的原产地带来的蛾类害虫卵所致,受病虫害侵袭,巴西木会树皮松落,叶片脱落,家庭中,可以剥开植物的局部树皮,夹出害虫,然后用浸泡烟草(香烟丝也可)的浸出液(主要成分是烟碱)喷施数次即可。同时要保持叶面清洁,适当通风。

Q2:香龙血树购买时要注意什么?

A2:购买香龙血树,要看枝干是否有损伤,同时用手轻按树皮,如果受到病虫害侵犯过,树皮会很软。再轻摇枝干,如果不松动,说明长出了根,否则不易成活,叶片颜色要清新明亮,家庭装饰选择 1.3~1.6 米高的植株为好。

花草絮语

香龙血树原产热带地区,植株可高达 5~6 米,花很小,黄绿色。它的切口能分泌有色的汁液,得名龙血树,常见的品种有金边巴西木、银边巴西木、中斑巴西木。

垂叶榕

学名/拉丁名：*Ficus benjamina*
别名：垂枝榕

净化功能

垂叶榕能去除居室中的苯、二甲苯、甲苯、氮氧化合物、甲醛以及臭氧，还能增加室内的空气湿度，有益于我们的皮肤保湿和呼吸。

适宜空间

垂叶榕的小巧叶片使它成为居室里的漂亮装饰，常被室内设计师用来营造欢快的氛围，点缀客厅（尤其是新铺的地板）、书房、卧室、餐厅、办公室。

绿手指小百科

喜温暖湿润环境，适宜放置在散射光多的地方，避免强光直射，忌低温干燥环境。生长旺盛期应经常浇水，保持湿润状态。为了形成良好的树姿，每盆可栽 3 株苗。日照不足，则节间伸长，叶片垂软，长势微弱；在日光下，则叶肉变厚，富有光泽。经常向叶面和周围空间喷水，以促进植株生长，提高叶片光泽。盆土可采用富含腐殖质的混

合土，冬季盆土过湿容易烂根，需待盆干时再浇水。每半个月还要施一次液氮肥，适当配合一些钾肥。生长适温为15℃~30℃。一般小型盆栽宜每年4月换盆一次，大型盆栽可2~3年换盆一次，以补充生长所需的养分。

Q：垂叶榕叶子脱落，只剩下树枝是什么原因？

A：这种植物不适宜搬来搬去，尤其是从一种环境换到另一种环境，通常会掉叶，但即便叶子全部掉光，也不会死掉，过一段时间就会有新叶长出。如果在冬季，要保持土壤湿润，春季一到，很快就长出新叶来。

花草絮语

　　垂叶榕属桑科，是全年观叶植物，因叶片总是下垂而被命名。在大型写字楼或会客厅中，垂叶榕搭配黄金葛、波斯顿肾蕨会别有一番生动情趣。它的花语象征着长久。

苏铁

学名/拉丁名：*Cycas revoluta*
别名：铁树、凤尾蕉

净化功能

这种植物也是吸收室内苯污染的绝顶高手，而且能有效分解存在于地毯、绝缘材料、胶合板中的甲醛和隐匿于壁纸中对肾脏有害的二甲苯。

适宜空间

苏铁树形古雅，主干粗壮，坚硬如铁；羽叶洁滑光亮，四季常青，为珍贵观赏树种。南方多植于庭前阶旁及草坪内；北方作大型盆栽，布置庭院屋廊及厅室，殊为美观。需要注意的是苏铁的种子和茎顶部树心有毒，含有葫芦巴碱和微量砷，误食会恶心呕吐、腹痛、腹泻，甚至致命，因此养护时，触碰需戴防护手套，还要看管好小朋友不要误食。

绿手指小百科

苏铁喜光照充足的环境。尽量保持环境通风，否则植株易生介壳虫。苏铁喜温暖，其生长适温为20℃~30℃，越冬温度不宜低于5℃。春夏生长旺盛时，需多浇水，夏季高温期还需早晚向叶面喷水，以保持叶片翠绿新鲜。每月可施腐熟饼肥水一次。入秋后应控制浇水,水分过多,易发根腐病。苏铁喜微潮的土壤环境,由于它生长的速度很慢,因此一定要注意浇水量不宜过大,否则不利其根系进行正常的生理活动。从每年3月起至9月止,每周为植株追施一次稀薄液体肥料,能够有效地促进叶片生长。

小花草诊疗室

Q:怎样保持苏铁的整齐株形?

A:苏铁生长缓慢,每年仅长一轮叶丛,新叶展开生长时,下部老叶应适当加以剪除,以保持其整洁、古雅姿态。

花草絮语

苏铁科植物是世界上最古老的种子植物,曾与恐龙同时称霸地球,被地质学家誉为"植物活化石"。在民间,"铁树"这一名称用得较多,一说是因其木质密度大,入水即沉,沉重如铁而得名;另一说因其生长需要大量铁元素,即使是衰败垂死的苏铁,只要用铁钉钉入其主干内,就可起死回生,重复生机,故而名之。俗话说"铁树开花,哑巴说话","千年铁树开了花"或"铁树开花马长角",比喻事物的漫长和艰难,甚至根本不可能出现。但实际上并非如此,尤其是在热带地区,20年以上的苏铁几乎年年都可以开花。

口红花

学名/拉丁名：*Aeschynanthus pulche*
别名：花蔓草、大红芒毛苣苔

净化功能

　　作为垂吊类植物中的一员，口红花株型优美、花色艳丽，对居室中的苯和甲醛有良好的吸收效果。

适宜空间

　　口红花喜欢明亮光照的半阴环境，家庭莳养适宜吊挂在朝南的窗口，并距窗口一定距离，避免烈日直晒。

绿手指小百科

　　口红花生长适温为21℃~26℃，较耐寒，但喜高温环境。盆栽用土以微酸性为好，可用泥炭土、沙和蛭石配制成的培养

土，并加入适量过磷酸钙。也可用腐叶土8份掺粗沙2份；还可用腐熟的牛粪、马粪掺入30%的粗煤炉灰渣栽培。口红花的花期集中在12月至翌年的2月，这时应少施氮肥，提高室内光照的强度，控制较低的室温，对口红花的开花有促进作用。冬季花期过后，应及时剪除开过花的残茎，可节省自身体内养分的消耗和促发新枝，使其多孕蕾开花。

Q：口红花的叶片为何失去绿色，渐渐变红？

A：口红花虽喜阳光，但是每天最多只能接受2~3小时的直射阳光，光照过强，叶片就会变成红褐色，影响观赏价值。

（花草絮语）

　　口红花开放时恰似一支从花萼中旋转而出的"口红"，又如妩媚少女的红唇，娇艳美丽。在东南亚一些部落中，口红花曾被当成定情信物。部落中的男子将口红花编织的花环送给自己心仪的姑娘，如果姑娘戴上了花环，并摘下其中一朵递还男子，就表示接受了男子的爱意。

红掌

学名/拉丁名：*Anthurium andraeanum*
别名：火鹤花、烛台花、安祖花

净化功能

红掌吸收甲苯、二甲苯的效果极佳,对存在于油漆、化纤、溶剂中的氨也有很好的抗性,对甲醛也有很好的去除功效。

适合空间

红掌叶片浓绿,平滑细长,螺旋状的肉穗是它的花朵,由于花期长达4个星期,点缀于客厅高几增加房间的生动情趣,点缀书房案头会使人精神焕发。它的水培品种更是上班族的最爱。

绿手指小百科

掌握湿度是养好红掌的关键,从春季到秋

季，要每天向叶片喷水，注意不要将水喷到花上，并向周围喷雾。冬季盆土略干时，每周要向叶片喷水。还可在根周围的土中放入20%的吸水石或保水青苔(花卉市场有售)，可促使根部发育。春、夏、秋季要适当遮光，冬季要放在阳光充足的地方，光强开的花大，颜色鲜艳，但叶片容易变黄，如果喜欢它美丽的叶片，要避免强光照射。如果它的花盆底部有水盘，记得每次浇水时把水盘中的水倒掉，避免根系腐烂。2~3年换盆一次，春季进行。盆土选用疏松、肥沃透气、利水性强的土壤，土中可掺入稻壳、核桃壳、树皮、炭渣、珍珠岩等基质。如果盆中的茎枝很多，可以用分株的方式换盆。

红掌还可以进行水培，近年来很流行。水培时，把根系没入水中，关键在于施用肥料，肥料用市售的无土培养专用制剂，并要定期更新营养液。

Q1: 由于冬季低温和干燥，红掌的叶子都落了怎么办？

A1: 这样的植物在第二年春天要充分灌水，使其恢复生机。萌发新芽后，从盆中挖出，除去下面的残叶和老根，换盆。

Q2: 红掌换盆时要注意什么？

A2：换盆时，要在盆的底部 1/3 处放一些碎石块作为排水层，然后再添加培养土。

　　1876 年，法国的植物学家安祖在中美洲哥伦比亚考察时发现了一种美丽的植物，它的花犹如伸开的红色小手掌，小巧别致，因此以他的名字命名"安祖花"，又因其形似手掌，得名"红掌"。后来又发现白色的，称为"白掌"。对红掌的科研已处于较为深入的阶段，其中欧洲水平较高，亚洲次之，非洲较差。荷兰在红掌的系统研究中居于领先地位。

合果芋

学名/拉丁名：*Syngonium podophyllum*
别名：白蝴蝶、长柄合果芋

它的蒸腾作用能有效增加空气湿度，去除居室中的苯、甲苯、甲醛、二甲苯、氨气等挥发性有机物。它碧绿的叶子，能使人暂时忘却疲劳，舒缓压力。

合果芋枝叶繁茂，适合摆放在客厅视觉较低的地方，或悬挂在书房的花篮中，放在玲珑剔透的玻璃器皿中置于客厅茶几上或书房的窗台上，也十分可爱。

合果芋喜高温多湿环境。适应性强，生长健壮，能适应不同光照环境。强光处茎叶略呈淡紫色，叶片较大，色浅；弱光处则叶片狭小，色浓暗。在明亮的散射光处生长良好。以遮光50%为宜。斑叶品种在光照不足时则色斑不显著。生长适温22℃~30℃，16℃以下生长缓慢。越冬温度以10℃以上为宜。冬季有短暂的休眠。花期夏秋季。合果芋不需要强烈的光照，喜欢明亮的散射光，可以放在居室的北窗或东窗，盆土保持湿润，夏季，还要向叶面喷水。冬季，浇水盆土要见干见湿，盆土用肥沃疏松和排水良好的沙壤土。

合果芋非常适合水养，一般植株上已经有很长的气生根，插在水里很快就能生出水生根，也不需要经常换水，自来水就可养活，可以说是最好养的植物了。养护中应保证比较明亮的散射光，不要强光直射。

小花草诊疗室

Q1：合果芋什么时候换盆比较好？

A1：每2~3年换盆更新，适当修剪老枝、杂枝、老根系，让其新发根系、枝条。

Q2：合果芋夏天叶子变蔫是什么原因？

A2：夏天炎热潮湿，可能是它烂根了，这时应换盆，并换掉原来的盆土，把烂根剪掉，把变黄的叶子也去掉。

花草絮语

合果芋是一种有趣的植物，它用自己宽大漂亮的叶子提高空气湿度，并吸收大量的甲醛和氨气。叶子越多，它过滤净化空气和保湿功能就越强。你可以控制合果芋的生长速度。由于它生长速度惊人，旧叶子被修剪后，新叶子会很快发芽。它是欧美十分流行的室内装饰植物。

花叶万年青

学名/拉丁名：*Dieffenbachia picta*
(Lodd.) Schott
别名：白玉黛粉叶

净化功能

科学研究发现，万年青在24小时能去除10平方米中70%~90%的苯，任何品种的万年青都可以去掉密闭空间里60%以上的甲醛，人称媲美"净化机"的植物。

适宜空间

万年青观赏重点是叶片，亮丽的叶片是插花的上好材料，适宜中小型盆栽，放于客厅或书房，耐阴易活。

绿手指小百科

万年青喜高温多湿的环境，为耐阴植物，冬季要放在阳光充足的地方养护，夏季，每2~3天浇水一次，冬季则1周浇一次，春夏秋三季，每半月施一次液态氮肥，叶色会更亮丽，换盆、修剪时必须戴手套，工作结束记得洗手。盆土以富含腐殖质排水良好的沙壤土为佳。

小花草诊疗室

Q：养了两三年的万年青，茎基部脱叶成了光杆是什么原因？

A：两三年的万年青叶片容易老化，春季换盆时，把老叶剪掉，茎的基部就会重新发出新叶，如果盆中比较拥挤，茎干可以重新插入新盆土中也会长出新叶。

花草絮语

要留意的是万年青的汁液有毒，虽毒性不强，但不小心误食仍会引起红肿、疼痛甚至麻痹，无法说话，因此它又称"哑蔗"，要避免小朋友触碰它。

对抗居室氨污染的花草

认识氨NH₃

■ 居室中氨的污染从何而来?

★ 主要来自建筑施工中使用的混凝土外加剂。混凝土外加剂的使用有利于提高混凝土的强度和施工速度,却会留下氨污染隐患。

★ 室内空气中的氨还可来自室内装饰材料,比如家具涂饰时用的添加剂和增白剂大部分都用氨水,氨水已成为建材市场的必备。

■ 氨什么样?

无色,具有强烈刺激性臭味,比空气轻。

■ 氨对健康有哪些危害?

★ 对眼、喉、上呼吸道作用快,刺激性强,轻者引起充血和分泌物增多,进而可引起肺水肿。

★ 长时间接触低浓度氨,可引起喉炎、声音嘶哑。

★ 接触一定浓度的氨,对皮肤有腐蚀性,使皮肤变得粗糙,老化。

■ 如何判断是否受到氨的影响?

★ 一般来说,氨污染释放期比较快,不会在空气中长期积存,对人体的危害相对小一些,但是也应引起大家的注意。

★ 眼、喉感觉有刺激性,分泌物增多,长时间接触可引起喉炎、声音嘶哑。

★ 头晕、恶心、呕吐,严重者有呼吸困难或窘迫症状。

■ 如何减少居室中氨的污染?

★由于氨极其容易挥发,因此,房间要加强空气流通。

★种植适宜的植物,一般能达到很好的效果,比如:观音竹、白掌、发财树、绿萝、无花果、腊梅等。

TIP

《民用建筑工程室内环境污染控制规范》GB50325—2001

污染物种类	Ⅰ类民用建筑工程	Ⅱ类民用建筑工程
氨气	≤0.2 毫克/立方米	≤0.5 毫克/立方米

注:Ⅰ类民建工程包括住宅、医院、教室、幼儿园等;

Ⅱ类民用建筑工程包括商场、办公楼、体育馆、书店、宾馆等。

棕竹

学名/拉丁名:*Rhapis excelsa*
别名:观音棕竹、筋头竹

在一项美国太空总署的研究中,发现观音棕竹是净化空气的绝佳植物,位居第二,黄椰子第一,它能吸收空气中的绝大部分有毒气体,尤其是氨气和氯仿,效果极佳。

适宜空间

观音棕竹是较为古典的室内植物,外观挺拔似竹,适宜放在玄关、客厅入口,与褐色花瓷盆比较相配,还可以摆放在客厅的角落,它的耐阴性,可以摆放在卫生间,去除污浊的气体。在我国台湾地区,人们认为观音棕竹

可以带来平安。

绿手指小百科

　　观音棕竹相当耐阴，放在阴暗的房间3个月仍能生长良好，但也要适当见见阳光，要避免阳光直射。它不耐干旱，要保持盆土湿润，夏季干燥，除了浇水，还要向叶面喷水，保持空气湿润。常用湿毛巾把叶片上的尘土拭去。生长期每月施一次长效液氮肥，冬季不需要施肥。不要经常刮蹭它的叶子，以免损伤脱落。观音棕竹几乎很少生病，生命力很旺盛。

小花草诊疗室

Q：家养的观音棕竹叶稍变黄怎么办？

A：检查一下观音棕竹在冬天是否受了冻害，它的越冬温度不要低于5℃，如果受了冻害，它的叶稍会变黄，这时需要剪掉黄叶梢，放到温暖的地方，春季重新换土，待新芽长出。

花草絮语

　　棕竹属水性植物，门口向东的房子可以摆放一棵棕竹，棕竹有强大的生旺作用，有生旺作用的阳台植物均高大而粗壮，越厚大越青绿则越佳。棕竹是很典型的例子，把它放在门口，相信财气会不请自来。

马拉巴栗

学名/拉丁名: Pachira aquatica
别名:发财树、栗子树、美国花生

净化功能

马拉巴栗是联合国推荐的环保树种之一,它能吸收空气中的甲醛、氨气,对一氧化碳、二氧化碳也有净化作用。

适宜空间

马拉巴栗生命力旺盛,青绿鲜嫩的叶片,点缀在粗壮的茎干上,玲珑可爱,是热门的室内观赏植物之一。常编成辫子形状,布置在客厅窗边,有财源滚滚之意。在大型宾馆也常用它来布置大堂,

意为招财进宝。

　　马拉巴栗是喜光植物，适宜全日照和半日照环境，较耐干旱。放在室内，要经常转动盆的方向，均匀接受光照。浇水以盆干即浇为宜。生长期每月施肥一次，以磷钾肥为主。枝条柔软，国内多把它编成辫子形状。盆土以肥沃的沙壤土为佳。

Q：我把马拉巴栗从客厅移到了卧室养护，发现它开始落叶，什么原因？

A：它适宜全日照或半日照环境，但不可突然改变光照条件，否则就会落叶或黄化。

花草絮语

　　在南国，有很多象征好运势的花木，发财树名字响当当，被视为招财进宝之木，此外，还有黄金葛、金钱树、翡翠木。送花礼有称"发财树、运势挡不住"。

无花果

学名/拉丁名：*Ficus carica*
别名：阿驵

　　无花果叶片能吸附居室中的氨气、二氧化硫、二氧化氮、硫化氢、氯化氢、苯、硝酸等有毒物质,是净化空气的上乘果木,对环境具有良好的保护作用。

　　无花果的枝干洁净、姿态优美,不仅是大地绿化的优良树种,也是适合盆栽的果树观赏品种,它株形茂密丰满,姿态粗犷潇洒,小果玲珑可爱。不仅可以点缀阳台,也可以装饰厅堂和卧室。

　　无花果性喜温暖,也能耐较高的温度,由于它是落叶果树,因而也能忍

受较低气温。当冬季温度达到-12℃时，新梢顶端开始受冻害，在-22℃~-20℃时，则根茎以上部分会受冻死亡。由于无花果叶片面积较大，根系发达，因而要求光照充足，较耐旱而怕涝。其木质韧度较差，不宜在风口处栽种。它对土壤要求不严，微酸到微碱均可正常生长，以肥沃湿润保水较好的沙壤土为宜。

Q:居室无花果如何保持好的树形?

A:无花果的修剪树形一般有开心形、丛状形、杯状形、自然圆头形等，一般幼龄树整为"X"字形或"一"字形，成年树为开心形。每年冬季回缩修剪，以促枝条充实，夏秋结果过多的树，根据树势回缩修剪，整形期间主枝不可太多。

无花果的鲜果实，肉质松软，果实甘甜，味美爽口，营养丰富。据分析，无花果含有大量葡萄糖和蔗糖、有机酸、生物碱、果胶、芦丁、蛋白酶和多种维生素、烟酸和8种人体必需的氨基酸，还含有可以防止衰老、延年益寿的超氧化物歧化酶。

鸟巢蕨

学名/拉丁名:*Neottopteris nidus*

别名:巢蕨、山苏花

净化功能

鸟巢蕨能够吸收居室中的氨气,还可以吞噬烟雾中的"尼古丁",对于新居装修后空气中超标的甲醛和苯也有很好的吸收效果。

适宜空间

小型鸟巢蕨可放在窗台、茶几或书桌一角,起到极好的点缀效果。大型鸟巢蕨可放在大型会议室,或悬挂于客厅之中,其带状绿叶特有的舒展飘逸之美,会给居室点缀出浓浓的热带风情。

绿手指小百科

由于鸟巢蕨是附生型蕨类,所以栽培时不能用普通的培养土,而要用蕨根、树皮块、苔藓、锯

末、椰子糠等用作为盆栽基质，同时用透气性较好的栽培容器，并在容器底部填充碎砖块等较大颗粒材料，以利通气排水。鸟巢蕨喜温暖、潮湿和较强散射光的半阴条件。在高温多湿条件下终年可以生长，其生长最适温度为 20℃~25℃。春季和夏季的生长盛期需多浇水，并经常向叶面喷水，以保持叶面光洁。浇水时也要注意盆中不可积水，否则容易烂根致死。

小花草诊疗室

Q:家养的鸟巢蕨为什么总是不长新叶？

A:在生长季需要每两周施腐熟液肥一次，这样才能保证鸟巢蕨植株生长旺盛、叶色浓绿，促进新叶萌发。

花草絮语

鸟巢蕨可用分株法进行繁殖，最佳时间为 4~5 月份。首先将其基部分切成块，使每块都带有部分叶片、茎及根，然后剪短叶片，分栽后放置在半阴且湿度较高的环境，以利伤口尽快恢复，但切忌过于潮湿，以免发生腐烂。待新叶萌发后，可恢复其优美的外观。

白鹤芋

学名/拉丁名：*Spathiphyllum floribundum*

别名：白掌

净化功能

　　它可以过滤空气中的氨气、丙酮、三氯乙烯、苯、甲苯和甲醛,去除臭氧的能力也很强。它的高蒸发速度可以防止鼻黏膜干燥,使患病的可能性大大降低。这种原产于委内瑞拉热带雨林的美丽室内植物,被认为是医药生物上的奇迹。把它放在厨房的煤气旁,不仅可以净化厨房的空气,还可去除做饭的味儿、油烟以及多种挥发性有机物,因此,它很适合摆放在厨房里。

适宜空间

　　平常日子欣赏它的优雅下垂的叶片,春末夏初,品赏状似白鹤的花朵,观叶又观花适宜栽种在家庭中任何位置,比如书房案头、厨房、客厅的窗台，洗手间等。

绿手指小百科

白鹤芋耐阴性很强，不要直晒太阳，在光线较弱的地方就能生长。喜欢潮湿，生长期要保持盆土湿润，但不要积水，夏季，水分要充足，经常向叶片喷水，同时向周围的空气喷水，保持湿度。生长期每隔半个月施肥一次，要用稀薄的花肥。它对土壤要求不高，一般用富含腐殖质的沙质土为好。它的花期全年都可，夏季最盛，花期前，可先剪掉一些叶片，花会多且大。换盆一般在早春，如果植株拥挤，可以分株分盆处理。

小花草诊疗室

Q：白鹤芋长势很好，但不见开花是怎么回事？

A：如果喜欢观叶，通常将白掌放在比较阴暗的地方，这时叶子会呈深绿色，长势也不受到什么影响，因为白掌是较耐阴的植物。如果想让它开花，选择在春秋季，放在散射光比较充足的地方，同时注意施肥，就会看到开花了。

花草絮语

白鹤芋叶片翠绿，花苞犹如起舞的白鹤，非常清新优雅，因此又被视为"清白之花"，有安宁平和、一帆风顺、纯洁高雅之意。

去除居室油烟、香烟中有毒气体的花草赢家

居室中油烟、香烟中有毒气体危害

■ 居室中油烟含有哪些有害气体？

油烟成分复杂，含有 200 多种有毒气体，它的主要成分是醛、酮、烃、脂肪酸、醇、芳香族化合物、酮、内酯、杂环化合物等。

■ 油烟对人体有什么危害？

★锅温度超过 240℃，油的性质会发生质变，产生大量有害油烟，油烟吸入呼吸道，可引起食欲减退、心烦、精神不振、嗜睡、疲乏无力等症状，医学上称为"油烟综合征"。

★慢性角膜炎、鼻炎、咽炎、气管炎。

★皮肤粗糙有皱纹、掉头发、发胖。油烟颗粒堵塞皮肤毛孔，导致女性皮肤干燥粗糙、出皱纹、色斑，中年女性则更易发胖。

★导致肺部病变。油烟中的有毒物苯并芘，使人体组织发生病变，如果长期接触油烟，发病率将会增加 2~3 倍。

★油烟中的脂肪氧化物容易引发心、脑血管疾病，特别是对中老年人的危害更大。

■ 香烟燃烧后产生的气体有什么危害？

香烟烟雾是一种悬浮微粒，同时还有固体和液体微粒。其中有尼古丁、烟焦油、氰氢酸、烟碱等有毒物质，我们常说吸二手烟，就是吸入这些物质。吸烟对身体造成极大危害，可引发哮喘、肺气肿、肺癌等。

去除居室油烟、香烟中有毒气体的植物高手：橡皮树、仙人掌、冷水花、鹅掌柴、常春藤、花叶芋、吊兰等。

花叶芋

学名/拉丁名：*Caladium bicolor*
别名：*彩叶芋*

净化功能

植株上的纤毛能吸附空气中的粉尘微粒及烟尘，被称为"天然除尘器"。

适宜空间

花叶芋叶形美丽，叶色及斑纹变化多样，丰富多彩，是理想的室内观叶植物，可以与绿萝等花卉一起种植在高脚花盆中搭配点缀，用来装饰客厅、大堂。还可以独立放在案头上，给人以清新、典雅、热烈之美感。

绿手指小百科

花叶芋喜欢温暖湿润半阴的环境，宜放在居室中光线明亮的散射光处，不要放在阳光下直晒。夏季要经常向叶片喷水，保持叶片湿润，春夏旺盛生长期应保证供给充足的水分。生长季每月施1~2次稀薄速效液肥，最好氮磷钾配合均匀，不可偏施氮肥，否则易引起植株徒长，叶面斑纹暗淡。花叶芋以观叶为主，要及时摘除花蕾。盆栽用土应疏松、排水良好、富含腐殖质的壤土。立秋后，花叶芋要进入休眠期，要保持土壤干燥，待地上部分全部枯萎，可挖出块茎放在通风处干燥后进行沙藏，室温保持15℃以上，不能用手拔，否则影响根系生长，贮藏

到春季重新栽培。

小花草诊疗室

Q：怎么样保持花叶芋美丽的叶色？

A：花叶芋美丽的叶片如果变得色淡，缺少生气，这时需要将它放在东、南窗附近，光线太强或太弱都会影响叶片的观赏性。

花草絮语

花叶芋的花语是"寻觅幸福"。淡绿的叶片间，一条条粉红的脉络穿插其间，正暗合时下流行的"撞色"搭配，其斑斓的叶片甚至可以与鲜花媲美，不愧是居家装饰和办公室布置的得力助手。

仙人掌

学名/拉丁名：*Opuntia dillenii*
别名：仙巴掌、霸王树

仙人掌的针刺可以吸附粉尘,同时它还有防电脑辐射的作用。仙人掌排放的植物杀菌素,能杀死空气中的有害微生物。它与大部分植物进行着截然不同的光合作用,大部分植物白天吸收二氧化碳,释放氧气,夜晚排除二氧化碳;而仙人掌则是夜间吸收二氧化碳,释放氧气,因此仙人掌与其他植物搭配可以起到很好的净化作用,很适宜在卧室养护。

仙人掌强韧的个性很适宜忙碌的上班族,在家中,拿生锈的器皿,缺角的杯子都可以做出有趣的“仙人掌组合”。目前市场上的各种各样的可爱瓷盆更能活跃居室的气氛,你可以把它放在窗台,还可以点缀放在卧室点缀床头柜、梳妆台,还可以装点案头。不过需要注意的是仙人掌的刺容易扎人,一定要小心哦,不要让小朋友触碰。

许多人种植仙人掌,是因为它不用经常浇水,极其耐旱。没错,它的耐旱程度高于其他很多植物。尽管耐旱,它也需要你的呵护,一般要待盆土干了再浇水,浇水后要放在阳光充足的地方,如果有条件,还可以隔一两个月把它放在庭院里,接受充分的日光浴,它在全日照的条件下,会更健康有形。室内盆栽仙人掌,以选择小型、花多的球形种类为宜。

盆土要求排水透气良好、含石灰质的沙土或沙壤土。新栽植的仙人掌先不要浇水,每天喷雾几次即可,半个月后才可少量浇水,一个月后新根长出才能正常浇水。冬季气温低,植株进入休眠时,要节制浇水。开春后随着气温的升高,植株休眠逐渐解除,方可适当浇水。

每半个月施一次的稀薄液肥(花市有专用仙人掌肥),冬季则不要施肥。

Q:仙人掌要预防哪些病害?

A:仙人掌一般不容易生病,但是如果浇水过多,会导致根腐烂,皮面发皱,因此一定要控制浇水。

墨西哥素有“仙人掌之国”的名称。仙人掌是墨西哥的国花。仙人掌还有“沙漠英雄花”的美誉。高原上千姿百态的仙人掌在恶劣环境中,任凭土壤多么贫瘠,天气多么干旱,它却总是生机勃勃,凌空直上,构成墨西哥独特的风貌。为了展示仙人掌的风采,弘扬仙人掌精神,每年8月中旬在墨西哥首都附近的米尔帕阿尔塔地区举办仙人掌节。节日期间,政府所在地张灯结彩,四周搭起餐馆,展售各种仙人掌食品。

学名/拉丁名：*Gerbera jamesonii Bolus*
别名：灯盏花、扶郎花、秋英

 净化功能

全株具有细小的茸毛，可以吞下居室中的甲醛，吸附有害粉尘，并能分解复印机和打印机放出的苯。

 适宜空间

喜光植物，适宜摆放在光照充足的阳台、客

厅，用来点缀书桌、茶
几也不错。

　　喜冬暖夏凉、空气
流通、阳光充足的环
境，不耐寒，忌炎热。喜
肥沃疏松、排水良好、
富含腐殖质的沙壤土，
忌黏重土壤，宜微酸性
土壤，生长最适 pH 为
6.0 ~7.0。 生 长 适 温
20℃~25℃，冬季适温
12℃~15℃， 低于 10℃
时则停止生长。

Q：非洲菊夏季如何管
　　理？
A：非洲菊喜凉，不耐
　　高温， 因此夏季应
　　注意适当遮阴，并
　　加强通风，以降低
　　温度，防止高温引
　　起休眠。

　　非洲菊的花语是
热情，永远快乐。有些
地区喜欢在结婚庆典
时用非洲菊扎成花束
布置新房，体现新婚夫
妇互敬互爱之意。

鹅掌柴

学名/拉丁名:*Schefflera octophylla*

别名:鸭掌木

净化功能

鹅掌柴给吸烟家庭带来新鲜的空气。它的叶片可以从烟雾弥漫的空气中吸收尼古丁和其他有害物质,并通过光合作用将之转换为无害的植物自有的物质和新鲜的空气。它还能充分吸收空气中的甲醛,一盆鹅掌柴每小时能把甲醛浓度降低大约9毫克。

适宜空间

形如鹅掌的玲珑叶片,亭亭玉立,黄绿相间,若置于客厅,用同色金属盆器会带来时尚的精巧之美,若内用泥炭,外用竹篮配于厅堂又有鲜亮清雅之优。

绿手指小百科

鹅掌柴对生长环境要求不高,非常适合没有经验的种植者。它喜欢半阴环境,在明亮且通风良好的居室内可较长时间观赏。如果修剪掉芽附近的嫩枝,它可以长到3米之高,并且非常漂亮和浓密。体积较大的鹅掌柴需要用竹竿来加固。两年左右换盆一次,盆土用排水良好的泥炭土或腐叶土加一些细沙。生长期半个月施肥一次,以稀薄的氮肥为主,如果氮肥过多,会使其斑纹模糊甚至烧根。鹅掌柴生长较慢,又易萌发徒长枝,平时需整形修剪。盆土间干间湿,春秋季每周浇水一次,夏季高温时,每天早晚向叶面喷水,如果水量不足,会脱叶,但也不要积水,冬季控制浇水量。

小花草诊疗室

Q:鹅掌柴在养护的时候叶片变黄脱落是什么原因?

A:偶尔有老叶脱落是正常现象,如果大量的叶片变黄脱落可能的原因:一是浇水过多,这时要控制浇水量;或者是室温突然降低 (它需要的室温不要低于12℃),把它从强光区突然移至弱光区,或从弱光区移至强光区,也会大量落叶。

花草絮语

鹅掌柴叶面光亮,色泽典雅,翠绿鲜亮,因此常被用作插花陪衬材料,同时还是南方冬季的蜜源植物,它的叶和树皮可作药用。

彩叶草

学名/拉丁名：*Coleus blumei*

别名：五彩苏、老来少、五色草、锦紫苏

净化功能

　　彩叶草毛茸茸的叶片可以大量吸附居室中的挥发性有机物，可以帮助新装修的居室快速"解毒"。

适宜空间

　　适宜摆放在南窗台等散射光较强的地方。

绿手指小百科

　　温性植物，喜充足阳光，光线充足能使叶色鲜

艳。栽培选用富含腐殖质、排水良好的沙壤土。盆栽之时，施以骨粉或复合肥作基肥，生长期隔10~15天施一次有机液肥(盛夏时节停止施用)。幼苗期应多次摘心，以促发侧枝，使之株形饱满。花后，可保留下部分枝2~3节，其余部分剪去，重发新枝。

Q:彩叶草应该如何繁殖?
A:彩叶草使用扦插法，极易成活。剪取10厘米左右枝条，插入干净消毒的河沙中，扦插后疏荫养护，保持盆土湿润，15天左右即可发根成活。也可水插，用晾凉的半杯白开水即可，插穗选取生长充实的枝条中上部2~3节，去掉下部叶片，置于水中，待有白色水根长至5~10毫米时即可栽入盆中。

色彩斑斓的彩叶草，不需要人们刻意去等待花期，从一开始生长它就是花的姿态，叶片一圈圈扩展开来，从绿到红，美不胜收，正所谓无花胜有花。

切断居室有害电磁辐射的花草

■■ 居室中电磁辐射从何而来?

居室中所有的家用电器都存在电磁辐射,无线电话、微波炉、电冰箱、电脑、手机等。

■■ 电磁辐射的危害?

我们对于电磁辐射,基本上是毫无觉察的,也很少有什么防范意识,它是现代最新的污染形式。研究发现它与癌症、白血病、生殖能力低下、畸形儿、老年痴呆以及皮肤病等疾病都有密切的关系。

切断有害电磁辐射的室内植物赢家:碰碰香、蔓绿绒、金琥等。

碰碰香

学名/拉丁名: *Plectranthus tomentosa*

别名: 绒毛香茶菜

净化功能

碰碰香毛茸茸、肉乎乎的叶片防辐射效果很好，散发的苹果香气还能够提神醒脑，被形象地誉为"电脑伙伴"。

适宜空间

适合盆栽，宜放置在高处或悬挂在室内，也可作茶几、书桌的点缀品。

绿手指小百科

喜阳光，但也较耐阴。怕寒冷，需在温室内栽培。不耐水湿。喜疏松、排水良好的土壤。喜温暖，不耐寒冷。冬季需要0℃以上的温度。不耐潮湿，过湿则易烂根致死。

小花草诊疗室

Q: 为什么碰碰香在夏季容易落叶？

A: 碰碰香比较耐旱，尤其忌盆中积水。夏季高温高温季节，

如果浇水过多会导致烂根，容易引起叶片脱落。如果发现碰碰香的原本毛茸茸的叶片变得油亮，就要考虑水分过多了。

碰碰香散发香味的原因和含羞草"害羞"的原理相似，当它的叶片受到触碰的刺激时，细胞内的水分会使叶枕的膨压发生变化。与含羞草不同，碰碰香的叶片在膨压作用下不会收缩，而是使内部用于透气的气孔扩张，一种挥发性的带有苹果香味的物质就通过气孔扩散到空气中了。

蔓绿绒

学名/拉丁名: Philodendron

别名:春羽、喜树蕉

净化功能

吸收甲醛等有害气体,最新研究表明,在1米以上的蔓绿绒植株花盆土壤中,插入电脑显示器的接地线,就可以吸收70%左右的电磁辐射。

适宜空间

蔓绿绒是中型植物,也是世界各地广为栽培的室内观赏植物,一般用古铜色釉瓷盆装饰布置客厅、书房,显大气洒脱之美,有豪华富贵的象征。

绿手指小百科

喜温暖湿润半阴环境,畏严寒,忌强光,适宜在富含腐殖质排水良好的沙壤土中生长。生长期宜放置在半阴处,夏季要避免烈日直射。放置在窗户附近。经常保持土壤湿润,干燥时,还应向植株喷水。5~9月为生长旺季,每月施液肥1~2次。冬季保持5℃左右即可,盆土不可太潮。蔓绿绒繁殖通常取茎端几

节进行扦插。在苗期,应注意给予整形,并将叶片加以支撑绑扎,防止叶片散展,待稍大后再松绑。

Q:养了很久的绿蔓绒这几天叶子下垂,无精打采的,不知什么原因?

A:春季翻盆时,要修剪根系,原来的老根纠结,对土壤营养吸收不良,无法供应叶片养分,应适当修剪,促其多长新须。

（花）（草）（絮）（语）

蔓绿绒为天南星科蔓绿绒属植物,18世纪中叶蔓绿绒传入英国,以后荷兰、意大利、法国等国引种栽培。同时,在美洲也开始栽培,特别是美国发展很快。我国的蔓绿绒栽培时间不长,20世纪80年代以前,蔓绿绒的品种少,仅在植物园和公园内栽培,在公共场所很少见到。至今,蔓绿绒的栽培已遍及南方各地,品种繁多。特别红宝石(P.imbe)和绿宝石(Green Emerald)广泛栽培,在家庭和公共场所已到处可见。蔓绿绒已成为重要的室内观叶植物。

金琥

学名/拉丁名:*Echinocactus grusonii Hildm*
别名:金桶球、黄刺金虎、象牙球

净化功能

是仙人掌类植物中最能吸收电磁辐射的一种植物，还能在夜间吸收大量的二氧化碳，增加居室负离子浓度，改善居室空气状况，使空气清新宜人。

适宜空间

金琥鲜黄的硬刺，浑圆的体型，特别在阳光下格外耀眼，配以铜色金属盆栽，会锦上添花，有大气富贵之感。在家用电器旁吸收辐射，还可以装点客厅、会议室，能显示华丽的气派。

绿手指小百科

金琥喜欢充足的阳光，夏季炎热要遮阴，还要注意通风。它喜温暖，冬季不能低于8℃~10℃，太低会球体产生黄斑。金琥耐干旱，温度越低越要保持盆土干燥，浇水要以盆土不过分干燥为宜，选择清晨和傍晚。每年春季要换盆一次，盆土可用等量的粗沙、壤土、腐叶土及少量的陈墙灰混合。生长季节每半月左右施一次稀薄液肥或复合花肥，冬季和炎热的盛夏停止施肥，北方地区春季天暖后可将盆花放室外向阳处养护。

小花草诊疗室

Q：我家的金琥怎么不圆了？

A：很多人买了浑圆的金琥回去，养了一段时间发现丰满的身材走了样，其实大部分原因是光照不足，造成了"徒长现象"只要把它及时摆放在光线充足的地方就可以改善。

Q：怎么让金琥快点开花？

A：金琥养了一阵子，也不开花，原因是光照不足、过度荫蔽或肥水太多。在上午10时以前或下午5时以后把金琥放在阳光下，可促使它多育花蕾。

花草絮语

金琥是仙人掌科的大哥大，体型大，名气大，成株后直径可达60厘米以上，由于体型圆滚滚，常被商人所喜爱，象征着财源滚滚，被称为"人气仙人掌"。

薄荷

学名/拉丁名:*Mentha haplocalyx*

别名:*夜息香*

净化功能

　　薄荷能够吸收环境中的电磁辐射,叶片散发的香气还能提神醒脑,使人身心愉悦,有助于提高工作效率。

适宜空间

　　盆栽薄荷可以摆放在有明亮散射光的书桌、

电脑桌上，或者置于窗台、阳台上。

 绿手指小百科

薄荷适应性强，耐寒且好种植，非常适合新手栽培。薄荷喜欢光线明亮但不直接照射到阳光之处。根茎在5℃~6℃就可萌发出苗，其植株最适生长温度为20℃~30℃。有较强的耐寒能力。栽培薄荷的土壤以疏松肥沃、排水良好的沙质土为好。

 小花草诊疗室

Q：盆栽薄荷如何分根？
A：薄荷根系比较发达，可以在春季结合翻盆换土进行分根。分根之后注意遮阴，一般很快就能够恢复生机。

 花草絮语

薄荷有极强的杀菌抗菌作用，常喝它能使口气清新，并能预防病毒性感冒和口腔疾病。拿薄荷叶片敷在眼睛上会感觉到清凉，能解除眼睛疲劳。据说薄荷也有"眼睛草"的别称，可用于治疗眼疾。

豆瓣绿

学名/拉丁名:*Peperomia tetraphylla*
别名:椒草、翡翠椒草、青叶碧玉、豆瓣如意

净化功能

　　摆放在办公桌上可以吸收电脑的电磁辐射，对甲醛、二甲苯、香烟中的尼古丁也有一定的净化作用。

适宜空间

　　忌直射阳光，可用于装饰办公桌、茶几、展柜等，翠绿圆润的叶片，清新怡人。

绿手指小百科

喜温暖湿润的半阴环境，不耐高温，忌阳光直射，忌霜冻；耐干旱，浇水不宜过多，尤其秋冬要减少浇水。如空气干燥可向叶面多喷水。豆瓣绿栽培基质要求透气性良好、保水性好的有机基质，如泥炭土加珍珠岩或蛭石，比例约为6:1。忌栽培基质水分过多，一般保持栽培基质有40%~60%的含水量。

小花草诊疗室

Q：豆瓣绿的叶子为何越长越小？

A：豆瓣绿必须施肥才能健康成长，特别是在旺盛生长时期，可用稀释的液肥浇灌，少量多次，薄肥勤施。

花草絮语

豆瓣绿是典型的小巧可爱型花卉，椭圆形的叶子颇具质感，摸上去光滑圆润，让人忍不住就想捧回家放在自己的案头，难怪它的花语是"雅致和少女的娇柔"。

去除居室氟化氢、二氧化硫、硫化氢、一氧化碳等有毒气体的花草

天门冬

学名/拉丁名:*Asparagus cochinchinensis*

别名:天冬草

净化功能

吸收空气中的氟化氢,清除重金属微粒,植株散发的气味还具有杀菌的功能。

适宜空间

天门冬既有文竹的秀丽,又有吊兰的飘逸,嫩绿多姿的枝条是插花的绝好陪衬材料,浆果鲜红悦目,10~11月成熟。翠绿茂盛的枝叶和鲜红球形果,构成了天门冬独特的观赏价值。可装饰客厅高几、窗台、书房书架,也可布置会场观叶、观果,许多地方还用来垂直绿化大堂。

绿手指小百科

天门冬喜阳光,也耐阴,在湿润气候下生长良好,冬季要保证不低于5℃,否则会生长不良。春秋两季,8~10天施一次腐熟有机薄肥,夏冬则少施。要求疏松、肥沃、排水良好的土壤,可以用一半的腐叶土、加之园土和磷钾肥混合,土壤要保持湿润透气。夏季切忌太阳直射,放在半阴处养护,秋季气候干燥,要常向叶面喷水,冬季不低于6℃,可安全越冬。少有病虫害。分株繁殖,即将生长茂盛的植株在春季结合换盆分株,每盆分得3~5枝带

有根系的枝条,置半阴处养护。分株后剪去过多的根须或过长的枝条,一般根系保留5~7个块根,枝条保留25~30厘米长即可。

Q:如何防止天门冬叶片发黄?

A:叶片发黄的原因通常是光照过强或过弱,施肥不当,营养不良。针对具体原因查找。如果营养不良,那么应该换盆,剪除部分老根,补充肥沃的培养土。光照方面,要防止夏季强光直射,又不可长期置于阴暗处。冬季温度低,浇水偏多,引起烂根也会叶片发黄,因此要注意浇水量和温度的控制。

　　天门冬的根是肉质根,常用来做中草药。日本人很喜欢天门冬食品,把它的根煮熟,清香细腻,还可以做成蜜饯,具有滋阴、润肺、降火的功效。

海桐

学名/拉丁名：*Pittosporum tobira*
别名：宝珠香、七里香

花谚说，"七里香降烟雾，又是隔音好植物"。它能吸收光化学烟雾，还能防尘、隔音。它对氟化氢、氯气、二氧化硫的吸收能力也很强。

客厅、大堂、办公室、庭院、阳台。

海桐可长期摆放在南窗附近光线明亮处，喜光照和温暖的气候，属常绿灌木或小乔木。生长很快，因此生长期也不可施肥太多，分枝力较强，耐修剪。开春时需修剪整形，保持优美的树形，新叶嫩黄，随后转深绿色。

花期 5~6 月，花白色，生于枝顶成伞状。对土壤适应性强。

 小花草诊疗室

Q：海桐为什么迟迟不开花？

A：海桐不开花需要注意给与充足的光照，海桐喜欢温暖明亮的环境。另外在肥水供应充足的情况下，可以适当修剪枝杈，促发花芽。

花草絮语

20 世纪著名的台湾女作家席慕蓉发表的第一本诗集名为《七里香》，诗人以七里香为背景，追忆 20 年前的青春往事。2004 年台湾著名歌手周杰伦发行的专辑《七里香》中，主打歌曲亦名为《七里香》，在歌曲中，七里香作为代表"夏天的味道"的背景意象被固化了下来。

月季

学名/拉丁名: *Rosa chinensis*

别名: *月月红*

净化功能

月季有比较强的净化空气作用,它可以吸收空气中的一些污染物,如二氧化硫、硫化氢、氟化氢、乙醚、氯气、二氧化碳、苯等。需要注意的是月季花香气久闻会使人心情郁闷,它的刺伤人也会引起皮肤疼痛,因此避免摆放卧室。

适宜空间

月季是家庭中常见的植物,可以布置客厅、窗台,阳台、庭院、书房。需要注意的是月季的花香比较浓郁,有呼吸系统疾病的患者不宜与月季长期接触。

绿手指小百科

盆栽的月季喜欢充足的阳光和空气流通的环境。盆土浇水要不干不浇。5月是月季生长旺盛

的时期，每半月施肥一次。夏季蒸发量大，天气炎热，每天傍晚要浇透一次水，避免太阳直晒；冬季气温低，进入休眠期。夏季，高温到30℃以上，花会减少，进入半休眠。每年要换盆一次，加施专用月季液肥，它对土壤的要求不严格。

Q: 家中盆栽月季如何进行修剪？

A: 对月季修剪要本着"花前抹芽，花后截枝"的原则。花前抹芽是因为盆栽月季不能留芽过多。修剪后的每个枝条上留2~3个芽，待新芽长到3~4厘米时，一般枝条选留一个花芽，粗壮的枝条也可多留1~2个芽，整盆月季也只能留4~6个花芽，并且还要分布均匀，其余的新芽一律抹除，以使营养集中，促使本茬花开得又大又艳。

花后截枝就是，开完一茬花后及时将花枝从基部的3~5片叶处短截，剪的部位在向外伸展的叶芽约1厘米处，同时还要剪除病枝、枯枝、侧枝、内向枝，使养分集中促发健壮的新枝，这样盆栽月季株型就会紧凑，开花也会集中，花朵开得也大。

从植物学角度来说，"月季花"、"玫瑰"是属于蔷薇科蔷薇属的两个不同"种"，植物形态上有不同，"月季花"（拉丁名 Rosa chinensis）为直立灌木，枝有皮刺，叶光滑，四季开花，花色较多；"玫瑰"（拉丁名 Rosa rugosa）虽也是直立灌木，但枝多皮刺和刚毛，叶有皱褶，春季一季开花，花色多为紫红色和白色。所以，去花店买花要加以鉴别。

山茶花

学名/拉丁名：Camellia japonica
别名：茶花、华东山茶、川茶花、晚山茶、耐冬、曼陀罗树

能吸收二氧化硫、氯化氢、铬酸和硝酸烟雾，还有抗尘功能。

山茶花树冠优美，叶色鲜亮，花大色鲜，花期逢元旦、春节开花，点缀客厅、书房和阳台，有典雅豪华之气，又不乏自然怡人之美，配以古铜色花盆更增添高贵之气。

绿手指小百科

山茶花喜半阴，山茶花对光敏感，忌阳光直射，宜放在散射光充足的地方，喜湿润环境，酷热及严寒均不适应。生长期应保持充足水分，同时叶片每天喷水1次，夏季遮阴。每月施水肥一次，要在抽新梢前后施肥，肥料以磷酸二氢钾、腐熟的豆饼水等为主。9~10月要换盆土，盆土宜疏松，喜肥沃湿润、排水良好的微酸

性土壤。其比例为壤土与腐叶土或泥炭土等量混合,并加入少量河沙。

Q:何时摘花疏蕾比较合适?

A:山茶花谢后,要及时摘除残花,减少养分损耗。当花蕾长到豆粒大小时,要进行疏蕾,每枝留一个蕾,其余摘除,这样开出的花会大而美丽。

《本草纲目》中记载:"山茶花其叶类茶,又可作饮,故得茶名。"山茶花花期数月之久,多数品种在1~2月,更早的在12月,有诗云"雪里开花到春晚,世间耐久孰如君",来形容山茶花期之长。

1960年,我国的植物学家在广西发现了金花茶,被誉为"金色皇后",震动了世界园艺界。

大花君子兰

学名/拉丁名：*Clivia miniata*

别名：剑叶石蒜

净化功能

君子兰的厚叶片,对硫化氢、一氧化碳、二氧化碳有很强的吸收作用。另外,还能吸收烟雾,调节室内混浊空气。

适宜空间

君子兰枝形端正,叶片对称,终年常绿。花开时大而美丽,姿态幽雅,气质雍容,花、叶、果都有很高的观赏价值。由于它花期近春节,所以很受人们喜欢。一般用古色紫砂盆装饰,更显端庄之美。适于布置客厅、宾馆、会议厅、宴会厅。需要注意的是,它不宜放置卧室,因在夜间,它会消耗氧气,吐出二氧化碳,对睡眠健康不利。

绿手指小百科

君子兰怕冷畏热,夏季气温在30℃~35℃的地方种养君子兰必须采取降温措施,冬寒–4℃~5℃必须有防寒措施。小苗与短叶品种需要24℃~25℃生长温度。夏季处于30℃以上,要向叶片喷水降温,并放在半阴处通风良好的环境。平时要对叶片进行喷水除尘。君子兰用土要讲究,以阔叶腐叶土、针叶腐叶土、培养土和细沙的混合土壤为最好，具疏松、肥沃特性，有利于肉质根的发育。盆栽幼苗长到五六片叶子时进入生长旺盛阶段，要供给充足的水肥，保持盆土湿润。施用君子兰专用肥料，施肥时不要淋到叶片上。

Q：怎样解决君子兰的"夹箭"现象？

A：其主要原因是出现花葶（箭）时，受温度低、土壤含水量少的影响。只要在花葶抽出期，适当加温，以20℃~25℃为宜，加大浇水量，同时向周围喷水增加空气湿度。还要增施肥料，不能只用磷钾肥，还要施氮肥，就可预防"夹箭"现象的发生。

在你认为已经夹箭的时候，用酸牛奶和一粒21金维他（或者复合维生素）配一升水，能有效补充土壤有益菌、微量元素、氨基酸，要浇透，7天一次，浇2~4次，很快就会解决夹箭的问题。

君子兰花姿态优美，端庄典雅，厚实光滑的叶片直立似剑，象征着坚强刚毅、威武不屈的高贵品格；它丰满的花容、艳丽的色彩，居家摆放象征着富贵吉祥、繁荣昌盛和幸福美满。

夜间能吸收二氧化碳、释放氧气的花草

虎尾兰

学名/拉丁名:*Sansevieria trifasciata*
别名:*虎皮兰*

净化功能

　　去除空气中的甲苯,甲醛、硫化氢、三氯乙烯等有害气体。它可以吸收夜晚的二氧化碳,制造氧气,一盆虎尾兰可吸收10平方米房间内80%以上的多种有害气体,两盆虎尾兰基本可以使室内的空气完全净化。由于它能制造出更多的阴离子,因此可以改善房间内因电视电脑开启造成的阴离子减少现象,对于改善室内环境效果颇佳。虎尾兰也是韩国和日本最受欢迎的植物之一。

适宜空间

虎尾兰的颜色较为淡雅,叶形似剑,刚劲挺拔。较矮的虎尾兰,可以点缀书房案头、窗台。由于夜间释放氧气,也常摆放在卧室用来点缀床头柜。

绿手指小百科

虎尾兰具有旺盛的生长力,对光线要求不苛刻,但以半日照通风处生长最好,无需精心护理,也很少受到病虫的侵扰,是上班族的首选植物。它不论光照是否充足,都能很好地适应环境,平时土干浇水,甚至很久浇一次水也无妨,温度不要低于-10℃。它最适宜的温度是20℃~30℃。盆土要求不高,以肥沃的腐叶壤土为佳。久植过于拥挤,要分株,可以结合换盆进行。

花草絮语

狭长叶片斑驳如虎斑,因而得名。这类植物很奇特,有叶无茎,能从地上长出淡绿色小花,只要有泥土,它就展现绝佳的生命力,因此又被称"千岁兰",是上班族所喜爱的室内植物。

文竹

学名/拉丁名：*Asparagus setaceus*
别名：云片松、刺天冬、云竹

 净化功能

夜间吸收二氧化碳，释放氧气，含有的植物芳香有抗菌成分，可以清除空气中的细菌和病毒。

 **适宜空间**

文竹喜欢温暖湿润的半阴环境，摆放在书桌、茶几之上，独具风韵。

绿手指小百科

文竹喜温暖忌强光，冬季需创造 15℃ 以上的生长环境,而夏季应远离强光直射。春秋两季每周施一次薄肥,冬季 15~20 天施一次薄肥。过密的枝条要及时修剪。春季翻盆换土时,如发现滋生的蘖根过多要及时疏除或分盆。同时还要注意捆绑、搭架,以保持疏密有致的造型。

小花草诊疗室

Q:文竹叶尖为什么会变黄脱落?

A:文竹喜水,但不能浇得太多,否则容易引起烂根导致叶子变黄。夏季注意遮阴,烈日曝晒也会引起叶片脱落。

花草絮语

文竹其实不是竹,只因其枝干有节似竹,叶片柔美,常年翠绿,姿态文雅潇洒,故名文竹。文竹象征永恒和朋友纯洁的心。在婚礼用花中,它是婚姻幸福甜蜜,爱情地久天长的象征。

芦荟

学名/拉丁名:*Aloe*

别名:番麻

净化功能

一棵15厘米高的芦荟能在10平方米的房间24小时吸收70%的苯、50%的甲醛和24%的三氯乙烯。它夜间能吸收二氧化碳,放出氧气,制造新鲜的空气,适宜放在卧室。

适宜空间

芦荟四季常青,一般在居室中配以浅色瓷盆,更能增加翠绿之美,是布置客厅、窗台、庭院、阳台的绝好植物。

绿手指小百科

芦荟怕寒冷,它长期生长在终年无霜的环境中。在5℃左右停止生长,0℃时,生命过程发生障碍,如果低于0℃,就会冻伤。生长最适宜的温度为15℃~35℃,湿度为45%~85%。芦荟喜欢生长在排水性能良好,不易板结的疏松土质中。一般在土壤

中可掺些沙砾灰渣，如能加入腐叶草灰等更好。

斑块是什么原因？

A：芦荟一般不易生病，放在烈日下曝晒，叶片通常都会枯黄，这时需要摆放至散射光的地方。

切忌把龙舌兰误作芦荟。龙舌兰和芦荟植物形态相似，龙舌兰是有毒的，所以切不要误食。芦荟品种除了少数几种，如木立芦荟、上农大叶芦荟可以食用鲜叶外，大多数品种只是观赏植物，有些芦荟品种还是有毒的，误食后可能引起中毒甚至危及生命安全。

Q：芦荟叶面出现枯黄的

龟背竹

学名/拉丁名: *Monstera deliciosa*
别名: 龟背蕉、蓬莱蕉、电线兰

"龟背竹本领强,二氧化碳一扫光。"夜间能超强的吸收二氧化碳,提高室内含氧量,清除居室中的甲醛效果也很明显,被称为"天然清道夫"。需要注意的是龟背竹的汁液有毒,不要折断,避免小朋友触碰。

龟背竹一般植株较大,造型优雅,叶片疏朗、美观、奇特,可用紫砂盆或美观大方的瓷盆置于厅堂,或用中盆置于高几之上。点缀卧室和案头也效果不凡,它还是良好的插花花材。

龟背竹喜温暖、隐

蔽、湿润的环境,忌阳光直射和干燥,适宜放在居室中北窗附近,生长适温为20℃~25℃,冬温度要保持在10℃以上。对土壤要求不严格,喜欢肥沃、富含腐殖质的沙壤土。春季换盆,对太多的气生根要剪除。浇水要本着"宁湿勿干"的原则,保持盆土湿润,但不要积水,春秋季2~3天浇一次,冬季一周浇一次。夏季空气干燥气温高时,要向叶片喷水,同时向四周洒水。保持叶片的清洁,可以用柔软的纱布擦拭,再喷水。4~9月每半月施液肥一次,有利于植株发新叶,叶片碧绿。

小花草诊疗室

Q:龟背竹如何进行繁殖?
A:家庭养龟背竹一般采用扦插法,春季4月气温回升以后,剪取带两个节的茎段,剪去叶片,横卧于盆中,埋土,仅露出茎段上的芽眼,放在温暖、半阴的地方,保持盆土湿润。1个月左右即可生根发芽。

花草絮语

在叶面上呈龟甲形散布许多长圆形孔洞和深裂,故称为龟背竹。

长寿花

学名/拉丁名: *Kalanchoe Blossfeldiana*

别名: 矮生伽蓝菜、圣诞伽蓝菜、寿星花

净化功能

长寿花能吸收空气中80%的有害气体,夜间能吸收二氧化碳,释放氧气,增加室内负离子浓度,为你的居室增添绝好的"空气维生素"。

适宜空间

长寿花翠绿厚实的可爱叶片,小巧夺目的各色小花,常用来点缀在卧室的床头;客厅的高几或书房的书架上。

绿手指小百科

长寿花喜阳光充足温暖的环境,放在有阳光直射的地方。夏季中午前后宜适当遮阳,可移放至室内散射光处,否则光照太强,易使叶色发黄。它耐干旱,不需大量浇水,只要每隔3~4天浇透一次水,保持盆土略湿润即可。冬季低温时控制浇水,以免烂根。生长旺季可每隔半个月施一次稀薄复合液肥,促其生长健壮,开花繁茂。冬季需注意防寒,室温不能低于12℃,花谢后要及时剪掉残花,以免消耗养分,影

响下一次开花数量。一般于每年春季花谢后换一次盆,盆土选用富含腐殖质排水良好的沙壤土。养上一年就可以分株繁殖。

Q: 我养的长寿花枝条瘦长,叶片也不美丽,开花就那么可怜的几朵,是什么原因?

A: 长寿花具有向光性,若光照不足,不仅枝条瘦弱细长,叶面薄而株形不美,而且开花数量减少,花色不鲜艳,并会引起叶片大量脱落,失去观赏价值,因此要放置在阳光充足的地方。生长期间注意调换花盆的方向,调整光照,使植株受光均匀,促使枝条向四周各方匀称生长。

长寿花生命力很强,是懒人族栽种花卉的绝佳选择。它的花色艳丽,花团锦簇,花期可长达4个月,因此得名长寿花。开花时节正值元旦、春节,经常用来馈赠老年亲友。

抗菌、驱虫的花草

俗语说"家有香花,微生物全杀",茉莉、米兰、桂花、紫薇、驱蚊草、月季、玫瑰、柠檬、石竹、丁香等能散发出具有杀菌作用的挥发油,这些挥发油有灭菌和抑菌的功能,对空气具有较强的消毒作用。另外,一些食虫植物,如猪笼草,能够帮助消灭居室中的小飞虫。

桂花

学名/拉丁名: *Osmanthus fragrans*

别名: 月桂、木犀

净化功能

研究发现,桂花树叶片中的挥发油有很好的杀菌作用。桂树林里的空气也比周边区域细菌数量竟然少 43.47% 以上。如果患有支气管哮喘,多闻桂花香气,不仅可以抗菌消炎,而且还有化痰、止咳、平喘的功效。

适宜空间

桂花适合摆放在朝南的客厅或阳台。桂花香味浓郁,会影响睡眠,不宜摆放在卧室里。

绿手指小百科

性喜温暖,湿润。种植地区平均气温 14℃~28℃,7 月平均气温 24℃~

28℃,1月平均气温0℃以上,能耐最低气温-13℃,最适生长气温是15℃~28℃。湿度对桂花生长发育极为重要,要求年平均湿度75%~85%,年降水量1000毫米左右,特别是幼龄期和成年树开花时需要水分较多,若遇到干旱会影响开花,强日照和荫蔽对其生长不利,一般要求每天6~8小时光照。宜在土层深厚,排水良好,肥沃、富含腐殖质的偏酸性沙性土壤中生长。不耐干旱瘠薄。

 小花草诊疗室

Q:北方冬季,桂花树如何越冬?

A:盆栽桂花树冬季要移入室内养护,保持盆土湿润即可安全越冬。露地栽植的桂花,在北方耐受的最低温度为-5℃~-8℃,超过这一极限温度,桂花就要不同程度地受到冻害。因此,应选择向阳背风的地方,每年要在冬至过后,人为地用草绳捆扎树干,或用其他保暖材料将树干包裹,这样可以防止一般的冻害。在最冷的三九天,可用透光的塑料膜将桂花的树冠包起来,注意要留透气孔,使桂花安全度过严寒的冬季。

 花草絮语

因"桂"谐音"贵",所以桂花又有荣华富贵的寓意。有些地方的习俗新娘子要带桂花,则是寓意"早生贵子"。

茉莉

学名/拉丁名：*Jasminum sambac*
别名：茉莉花

 净化功能

茉莉花中产生的挥发油的香味不但可以净化空气，而且具有显著的杀菌抑菌，抑制结核杆菌、肺炎球菌、葡萄球菌的生长繁殖作用，大大降低居室中含菌量。它的香味还可使头晕、目眩、感冒、鼻塞等症状减轻。

 适宜空间

茉莉花馨香四溢，珠圆玉润，花叶碧绿青翠，以小型紫砂盆或瓷盆装饰置于南窗台，给居室倍增雅趣，花期装点客厅也生趣盎然。

 **绿手指小百科**

喜温暖湿润和阳光充足环境，素有"晒不死的茉莉"之说。在直射光的照射下，能很好地生长。茉莉能

耐高温,但不耐低温,冬季温度不得低于5℃。生长旺季要充分浇水,盛夏每天早晚浇水,并向叶片喷水,冬季生长缓慢,控制水量,不干不浇。春季换盆后,要摘心修剪。盛花期后,也要重剪更新。盆土用园土、蛭石和腐叶土混合。

小花草诊疗室

Q：居室中的茉莉如何预防红蜘蛛？

A：把茉莉放在光线强的地方,同时注意通风。如果发现了红蜘蛛,用乐斯本纯净水瓶盖装一盖药,兑一瓶水喷雾,中午不要喷雾。

花草絮语

茉莉叶色翠绿,花色洁白,香气浓郁,是最常见的芳香性盆栽花木。希腊首都雅典称为茉莉花城。菲律宾、印度尼西亚、巴基斯坦、巴拉圭、突尼斯和泰国等把茉莉和同宗姐妹毛茉莉、大花茉莉等列为国花。是美国南卡罗来纳州的州花。在花季,菲律宾到处可见洁白的茉莉花海,整个菲律宾都散发着浓浓的花香。

猪笼草

学名/拉丁名: *Nepenthes mirabilis*

别名: 水罐植物、猴水瓶、猴子埕、猪仔笼

净化功能

　　属于热带食虫植物,可以消灭闯入居室中的苍蝇、蚊子、蛾子等飞虫。

适宜空间

　　猪笼草喜高温高湿的环境,以摆放在有充足散射光的阳台为宜,忌烈日曝晒。

绿手指小百科

　　猪笼草喜欢排水性、透气性较好的栽培介质，常用的栽培介质有泥炭土、椰纤和一些大颗粒的栽培介质，通常都是将这些栽培介质混合使用。室内栽培的猪笼草不需要特意喂食，可以使用叶面喷洒的速效型肥料，绝对不可将肥料施用到土中。由于食虫植物比较不耐高浓度的肥料，为了安全起见，应依据其使用量再多稀释几倍。例如，肥料的使用说明上注明其使用量为稀释1000倍时，则用于猪笼草上可能要稀释到4000倍。将稀释好的肥料以喷雾器均匀地喷洒在整株猪笼草上，将其喷湿即可。

小花草诊疗室

Q：猪笼草为何不长"笼子"？

A：猪笼草对水分要求非常严格，北方地区常常因为环境干燥，空气湿度太低，导致猪笼草不结笼子。解决办法就是要提高空气的湿度，可以用透明塑胶袋将猪笼草整个罩住，如此就能轻易地得到一个高湿度的环境。

花草絮语

　　猪笼草又叫猪仔笼，它象征着财运亨通、财源广进。

米兰

学名/拉丁名：*Aglaia odorata*
别名：米仔兰、树兰

米兰能吸收空气中的二氧化硫和氯气。把米兰放置于含氯气的空气中5小时，它1千克叶就能吸收4.8毫克氯。同时它的花能散发出具有杀菌作用的挥发油，对于净化空气，促进人体健康有很好的作用。

米兰株型丰满，叶色油绿，高贵大方，配以古色紫砂盆饰更显典雅之气，装点客厅、书房有雍容华贵之美。

喜欢温暖、湿润、半

阴的环境条件。有较强的耐阴性,对低温十分敏感,温度达25℃以上时,生长旺盛。不耐干旱,要保持盆土湿润,夏季每天向叶片喷1~2水,同时防止积水。盆栽米兰盛花时,不能长期置于室内,在开花时,可于下午4时后移至室外,上午9时前移入室内,使其接受阳光,为抽生新枝和新花穗积累营养,冬季要尽可能多地接受光照,并每周一次冲洗叶片,保持叶片鲜绿。春季生长时每周施一次稀薄液肥,6月花期每个月施磷钾肥。米兰在夏季施肥前换盆,盆土选疏松的腐殖质土,盆底要有排水沙土层。控制树形和增加新枝,可在新枝生长前摘心。

小花草诊疗室

Q:米兰如何安全越冬度过休眠期?

A:米兰喜肥,但到了秋末,应当停施,以免提前促发新梢,易受冻伤。若是晚秋或初冬已发嫩梢,应将其剪除。立秋后,增施一次磷钾肥,并使植株接受光照。冬季少浇水,最好20天左右浇一次水,只要保持土壤有一定湿度就行。温度在10℃左右时,米兰会停止生长,进入休眠期,这时也要将其置于光照充足及通风良好处养护。

花草絮语

　　米兰花虽小,却有兰花般的芳香,花似米粒,清秀高雅,故称米兰。

紫薇

学名/拉丁名：*Lagerstroemia indica*
别名：满堂红、百日红、痒痒树

被称为有毒气体的"净化所"，能吸收二氧化硫、氯气、氟化氢，每1千克叶片能吸收硫10克左右；又是天然"吸尘器"，有很强的吸附粉尘作用。紫薇散发的气味，具有杀菌抑菌的作用。

培养紫薇比较容易，枝干也别具特色，盆景栽培，千姿百态，苍老不凡，颇具野趣。可把各个细干绕在一起，经数年时间各枝干互相愈合，摆放在客厅、高几、庭院别具一格。

紫薇喜欢生长在温暖湿润的地方，喜光，略耐阴，也耐干旱，忌积水。要注意在冬春之季新梢未萌发之前必须进行整枝，把当年新枝留下2寸左右，上面全部剪去，并施足肥料，这样到第二年能开出旺盛的花朵来。盆土要求不严格，用含有碱性土壤的沙壤土为宜。

紫薇树身光滑无皮，以手抓动扶摇到顶，故有拍痒树、痒痒树之称。紫薇寿命长达200年以上，是树桩盆景的优良树种之一。

驱蚊草

学名/拉丁名：*Pelargonium graveolens*
别名：柠檬天竺葵、驱蚊天竺葵

净化功能

驱蚊草是生物驱蚊最理想的香味植物，它散发出来的柠檬香味能够净化空气、杀菌消毒、提神醒脑，并能有效驱避蚊虫。

适宜空间

喜光，可摆放在有直射阳光的窗台、阳台等处。

绿手指小百科

喜温喜水，驱蚊草在气温-3℃以上能生存，10℃~25℃为最适生长温度，7℃以下，32℃以上的温度不利生长。3~6天浇透水一次，但不能积水。喜中性偏酸性土壤。一般15~20天施肥一次。

小花草诊疗室

Q：家养的驱蚊草总掉叶子是什么原因？

A：首先要考虑是否盆底积水导致根茎腐烂。驱蚊草忌高温高湿的环境，平时养护要注意通风，浇水要见干见湿。

花草絮语

驱蚊草的花语是"守护"和"安全感"。炎炎夏日，养上一盆驱蚊草，它散发的清新香味令人心旷神怡，可谓是纯天然的"植物蚊香"。专家建议，15平方米的居室，放置一株30厘米左右，叶片数量在40片以上的驱蚊草，效果最好。

石竹

学名/拉丁名: *Dianthus chinensis*

别名: 中国石竹

净化功能

石竹能吸收二氧化硫和氯气; 散发的气味能抑制结核杆菌、肺炎球菌、葡萄球菌的生长繁殖, 可大大减少室内空气的含菌量。

适宜空间

花色各异, 小巧别致, 是点缀窗台、案头、书房的理想花草。

绿手指小百科

石竹喜阳光充足、干燥、通风及凉爽湿润的环境。生长期间宜放置在向

阳、通风良好处养护，保持盆土湿润，每隔 10 天左右施一次腐熟的稀薄液肥。冬季少浇水，盆土干后再浇水。不耐酷暑，夏季应注意遮阴，并向叶片喷水降温。要求肥沃、疏松、排水良好及含石灰质的壤土或沙壤土，忌水涝。石竹花日开夜合，若上午日照，中午遮阴，晚上露夜，则可延长观赏期，并使之不断抽枝开花。开花前应及时去掉一些叶腋花蕾，主要是保证顶花蕾开花。

花草絮语

宋代王安石爱慕石竹之美，又怜惜它不被人们所赏识，写下《石竹花二首》，其中之一："春归幽谷始成丛，地面芬敷浅浅红。车马不临谁见赏，可怜亦解度春风。"

有毒花草谨慎养

植物净化室内环境四忌

忌香	一些花草香味过于浓烈,会让人难受甚至产生不良反应。如夜来香、郁金香、五色梅等花卉。
忌敏	一些花卉,会让人产生过敏反应。像月季、玉丁香、五色梅、洋绣球、天竺葵、紫荆花等,人碰触抚摸它们,往往会引起皮肤过敏,甚至出现红疹,奇痒难忍。
忌毒	有的观赏花草有毒性,摆放时应注意,如含羞草、一品红、夹竹桃、黄杜鹃和状元红等花草。
忌伤害	比如仙人掌类的植物有尖刺,有儿童的家庭或者儿童房间尽量不要摆放。另外为了安全,儿童房里的植物不要太高大,不要选择稳定性差的花盆架,以免伤害儿童。

一品红

　　全株有毒,茎叶里的白色汁液会刺激皮肤,引起过敏,误食会呕吐、腹痛。家中有小朋友需谨慎,不可折断它的枝叶,换盆需戴防护手套。

学名/拉丁名:*Euphorbia pulcherrima*

别名:象牙红、圣诞红、猩猩木

长春花

学名/拉丁名： *Catharanthus roseus*
别名： 日日春、日日草、雁来红

全株有毒，花朵有毒，误食会出现肌肉无力，白细胞减少，血小板减少。长春花虽有毒却是目前国际上应用最多的抗癌植物药源。

霸王鞭

学名/拉丁名:*Euphorbia neriifolia*
别名:霸王花、剑花、七星剑花

这种被很多家庭用来辟邪除害威猛的植物,但要谨慎养护,它的刺和汁液有毒,刺碰到皮肤会引起红肿,汁液沾染皮肤会发炎,不慎入眼,会导致眼睛红肿,误食会引起腹泻,喉咙发痒。

银边翠

学名/拉丁名:*Euphorbia marginata*
别名:高山积雪、象牙白

　　又称高山积雪，它是致癌
植物之一,全草有毒,尤其花粉
和汁液,不宜养在室内。

郁金香

学名/拉丁名:*Tulipa ges-neriana*

别名:洋荷花、郁香

这种盛产于荷兰的美丽花朵是有毒的。它的花中含有大量的生物碱。如果你在郁金香的花海中驻留两个小时，就会有头晕目眩的感觉，同时皮肤会过敏，还会引起脱发。因此品赏郁金香一定要空气流通。

含羞草

学名/拉丁名：*Mimosa pudica*
别名：感应草、怕丑草

是一种轻轻一碰就会含羞掩面的植物。全株有毒。误食其干品 30 克左右，就会出现中毒症状。家里有小朋友的，一定要避免孩子误食。

喇叭水仙

学名/拉丁名:*Narcissus pseudo narcissus*

别名:黄水仙

冰清玉洁的水仙，它的汁液有毒,含有一种拉丁可毒素,它被用为外科医学的镇静剂,误食会引起呕吐、腹痛。如果汁液接触皮肤会引起红肿,尤其不要入眼。它的花分泌的汁液也有毒,因此避免触碰水仙,看管好小朋友。

马蹄莲

花朵有毒，误食会引起昏迷症状。不要破坏植物，汁液也有毒。

学名/拉丁名：*Zantedeschia aethiopica*

别名：慈菇花、水芋马

夜丁香

香气强烈，对高血压和心脏病患者不利。

学名/拉丁名：*Cestrum nocturnum*
别名：*夜香树、洋素馨*

滴水观音

学名/拉丁名：*Alocasia macrorhiza*

别名：*滴水莲、佛手莲*

　　滴水观音因其叶片滴出晶莹之水而得名，但它的根叶中汁液有剧毒，误食会出现舌头发麻、呕吐、胃部疼痛。滴水观音株型优美，叶片亮绿，在室内有除尘的作用，因此如果谨慎呵护，也不失为一种上好的装饰植物。

百合花

它的香气久闻会使人中枢神经兴奋，尤其放在卧室，会影响睡眠。它经常被用作上等的插花材料，意为"百年好合"，花形优雅，清新高贵。如果摆放在客厅，它有净化空气的功效。

学名/拉丁名:*Lilium brownii var.viridulum Baker*
别名:*山丹、倒仙*

凤仙花

学名/拉丁名: *Impatiens balsamica L.*
别名: 金凤花、指甲花

这种儿时女孩子用来染指甲的小花,它的花粉含有促癌物质,不要在密闭的室内养护。它的花有毒,中医用来治疗蛇毒,全草都可入药。在庭院中摆设是良好的花卉。

紫荆花

学名/拉丁名:*Cercis chinensis Bge.*
别名:香港樱花、洋紫荆

香港的区花,花色俊美,但花粉会使人过敏,接触久会诱发哮喘、皮肤瘙痒。不要把它摆放在卧室。

春兰

学名/拉丁名:*Cymbidium goeringii cv.*
别名:双飞燕、草兰、山花

香气久闻会使人兴奋,引起失眠,不宜摆放卧室。

虎刺梅

学名/拉丁名： *Euphorbia mili*
别名： 铁海棠、麒麟花

它的刺和汁液有毒，含有促癌物质，刺伤到皮肤会红肿，汁液沾到皮肤也会不适。最好不要在室内摆放，尤其避免小朋友接触。

植物养护一点通

土　壤

■ 土壤质地分类

土壤质地是指土壤的物理性状,即土壤的沙性、黏性程度。根据土壤的沙黏程度,一般将土壤分为沙土、黏土和壤土三大类。

沙土类:土粒间隙大,土壤养分少,通气和渗水性能好,保水、保肥性能差。

黏土类:土粒间隙小,通气和排水性能差,湿则泥泞,干则板结,但保水、保肥能力强。

壤土类:兼有沙土和黏土的优点,克服了二者的缺点。通气透水性能好,保水、保肥能力强,适合植物生长。

盆栽植物的培养土的主要材料有哪些?

素沙土:就是纯沙子,也叫河沙土,大多来自河滩处,比如建筑用的沙子。这种沙子质地纯净,沙子细腻,含黏性少,排水性能好,但不含其他肥力。主要用于植株的扦插,是配制培养土的主要材料之一。

园田土:又称黄土,是栽培作物的熟土,多团粒结构,是排水、通气性较好的土壤。

腐叶土:是用落叶、枯草等经过堆积、发酵、腐熟而成的。这种土的腐殖质含量高、质轻、疏松、保水性强、通透性好,是配制培养土的主要材料之一。

以上三种材料是必备的,下面几种,有了更好。在条件许可和实际栽培过程中,灵活掌握,酌情添加。

山泥:是由山间树木落叶长期堆积而成。分黑山泥和黄山泥两种,都为酸性,前者含腐殖质较多,后者较少。

砻糠灰:是稻谷壳燃烧后而成的灰,略偏碱性,含钾元素,排水透气性好。

厩肥土:动物粪便、落叶等物掺入园土、污水等堆积沤制而成,具有较高的肥力。

木屑、锯末、炉灰渣、蛭石、珍珠岩等,都是配制培养土的好材料。

■ 培养土配制的比例

培养土配制没有固定的比例,一般家庭盆栽植物的培养土比例是:腐叶土

4.5 份、园土 2.5 份、河沙土 2.5 份、其他 0.5 份。按这种比例配制出的培养土,相对来说,质地疏松,透水性能好,养分多。

◨ 如何对培养土进行消毒?

日光消毒法：把配制好的培养土放在清洁的水泥地面或木板上薄薄摊开,晒 3 天。这方法在夏季进行最好,如不能,可延长晒的天数。

加热消毒法:蒸煮,或高压加热或蒸汽加热,持续 30~60 分钟,可以达到消毒目的。家庭盆栽没有加热设备的,可放入旧铁锅里在火上翻炒约 20 分钟。

肥　料

◨ 新型的盆栽植物肥料

随着盆栽植物越来越多地进入室内,市场上出现了新型的盆栽植物专用肥料。它最大的优点是克服使用有机肥料所产生的臭气,给室内观叶、观花的爱好者带来了极大的便利。

1. 片状肥料:全元素片肥、促花片肥、促叶片肥。

2. 全元素片肥:含有按适当比例混合的各种营养元素,除氮、磷、钾外,还有微量元素,适合于一般盆栽植物的生长和发育的需要。

3. 促花片肥:以磷、钾为主,可以促进花蕾形成,增大花朵,延长花期,抑制徒长,适用于观花类和观果类植物需要。但不能与促叶片肥同时使用。

4. 促叶片肥:以氮为主,适用于幼苗期间的植物成长和观叶类植物需要。

5. 腐殖酸类肥料:以含腐殖酸较多的草炭等为基质,加进适当比例的各种营养元素制成的有机、无机混合肥料。其特点是肥效缓慢,性质柔和,呈弱酸性,适用于多种盆栽植物需要,尤其对喜酸性的植物更为适宜。

◨ 施肥"三忌"

1. 忌花期施肥。植物正在花期。施氮肥会刺激植物生长,花器官得到的养料减少,花朵发育受到抑制,开花期推后,花朵早凋,花期缩短。

2. 忌雨天和晚上施肥。每当早春和晚秋的阴雨天,气温降低,每到晚上气温也降低,叶片蒸腾与根系吸收力会降低,如果这时候施肥,肥料利用率低,大多积存到土壤里,容易伤根。

3. 忌高温施肥。高温施肥,容易引起植株体内生理代谢失调,造成枝叶萎蔫、花朵凋谢。

水

■ 不宜喷水的盆栽植物

大岩桐、蒲包花、蟆叶秋海棠、非洲紫罗兰等叶面上长着比较厚的茸毛，水珠进去后，容易被收藏，不能轻易蒸发掉，长久收藏而消化不良导致叶片腐烂。

仙客来的球茎上的叶芽和花芽，非洲菊叶丛中的花芽，也有收藏功能，长时间的水珠容易使自身腐烂；君子兰叶丛中央的假鳞茎，在孕蕾期间遇水会影响出箭；对于盛开的花朵，也不宜多喷水，否则，水珠容易造成花瓣霉烂或影响受精，降低观赏价值。

■ 盆栽植物常用浇水法

1. 普通浇水法，自上向下浇水。缺点是容易使下层的盆土长期干燥，乃至造成土壤板结，不利于根系发育。用此浇水法，要确保水从盘底的排水孔溢出。

2. 盆底吸水法。将花盆放在另一较大的盛有清水的容器中，使水由盆底渗湿到盆土表面。优点是吸水面大，防止土壤板结，促进根部发育。缺点是盆土中的盐分会上升，积累在盆表和盆缘，造成难看的盐斑。以上基本浇水法，宜交替使用。

■ 什么是见干见湿？

盆栽植物种类较多，大体上分为水生、湿生、中性、半耐旱、耐旱 5 类。每类植物对水分的需求量不一样。

所谓"见干"，是指浇过 1 次水后等到土面发白，表层土壤干了再浇第 2 次水，绝不能等盆土全部干了才浇水。

所谓"见湿"，是指每次浇水时都要浇透，即浇到盆底排水孔有水渗出为止。但不能浇"半截水"，也就是上湿下干。

盆栽植物的根系大多集中盆底，浇"半截水"等于没浇水。见干见湿的方法，满足了植物生长发育时所需要的水分，又保证根部呼吸作用所需要的氧气。这种浇水方法适用于中性类植物。

■ 什么是干透浇透？

植物离不开水，水缺了，会枯死；水多了，会烂掉根部而淹死。所以，浇水要适度，比如"干透浇透"就是一个很好的度。

所谓"干透"，是指盆土表面干了再浇水，这样的话，第二次浇水与上次浇水之间有间隔,方便土壤中有充足的氧气供根部吸收,并不是要等完全干了再浇水。

所谓"浇透",是指每次浇水让它喝足为止,即喝到盆底排水孔有水渗出才行。这种浇水方法适用于半耐旱和耐旱植物。

▓▓ 家中无人浇水法

因外出十天半月不在家,怎么给花卉浇水?以下几种浇水法供参考。

吸水法:将毛巾或宽布条一端浸在水盆中,将水盆放置在稍低于花盆旁边,再将毛巾的另一端压在花盆底下,由于毛巾等的毛细管作用,使水分徐徐上升浸润到盆底排水孔等处,渗入盆内使盆土滋润。

滴灌法:安装一个像人打吊针一样的滴管装置,让瓶装的水从滴管内慢慢滴入花盆的根部,再扩散到土中被根系吸收利用。

坐水法:选一个大而浅的瓷盘,在盘中装入一层湿沙土,再将花盆坐在湿沙上面。水分通过沙土的毛细管作用不断地供给花卉生长需要。此法只适用于湿生花卉或其他需水量较大的植物。

套盆法:小型的花盆,放入大的花盆中,在两盆壁间放入湿沙土,让沙中含的水分通过小花盆的盆壁渗入另盆内,以补充水分的不足。

其　他

▓▓ 一刻也离不了的空气

空气是多种气体的混合物。它无色,无味,主要成分是氮气和氧气,还有极少量的氦、氖、氩、氪、氙等稀有气体和水蒸气、二氧化碳、尘埃等。空气是地球上动植物生存的必要条件,动物呼吸、植物光合作用都离不开空气。植物们利用空气中的二氧化碳、阳光和水合成营养物质,在此过程中,氧气被释放出来。人和动物依靠呼吸空气来获取氧气。人离开水三天可以存活,离开阳光几个月甚至几年也可以存活,离开空气五分钟就因大脑缺氧而死亡。在地球上,植物越多,向空气中释放的氧气含量就越多,空气就会越纯净。

▓▓ 家用简易防虫法

蚜虫、红蜘蛛、粉虱(小白蛾)等虫子,是植物们的天敌,它们专门吞食植物,使植物死掉。为了防治,现介绍几种简易防虫法:

1. 烟梗防虫法。烟梗 10 克,水 1 千克,煮沸,放凉后,用清液喷洒,可杀蚜虫、红蜘蛛等。

2. 夹竹桃防虫法。夹竹桃的枝叶切碎,水煮沸半小时,放凉后,用清液喷洒,可杀蚜虫、粉虱(小白蛾),也可浇入盆内防治根蛆、线虫等"地下工作者"。

3. 干辣椒防虫法。干辣椒 20 克,水煮沸后,可杀蚜虫、红蜘蛛、粉虱(小白蛾)等。

4. 洗衣粉防虫法。洗衣粉加水 1000 倍,可以防治蚜虫、红蜘蛛、粉虱(小白蛾)、介壳虫等。

■■ 观察叶子,辨别阴阳

1. 根据叶形鉴别:
叶子针叶状的,如五针松、雪松,大多属于阳性植物;
叶子扁平呈鳞片状的,如侧柏、罗汉松,则略为阴性植物;
叶子阔大,常绿的,大多属于阴性或半阴性植物,如万年青、龟背竹;
叶子为落叶的,大多属于阳性,如桃花、菊花。
2. 根据叶子疏密程度鉴别:
叶小而较茂密的,大多属于半阴性植物,如文竹、天门冬;
叶大而较稀疏,且又伸展的,大多属于阳性植物,如一串红、夹竹桃。
3. 根据叶面的厚薄程度鉴别:
叶面较厚的,大多属于阴性植物,如一叶兰、君子兰;
叶面较薄的,则大多属于阳性植物。

■■ 植物的分类

按植物性质分为三类:木本植物、草本植物和水生植物。

木本植物:指茎部木质化的植物,它既可盆栽,又可地栽。如盆栽的山茶、杜鹃花、茉莉等。

草本植物:指茎部为草质的植物。其生育期可分为一二年生和多年生草本植物。一年生草本植物是指春季播种,当年开花结实,秋冬死亡的,比如鸡冠花。多年生草本植物也叫宿根植物,它有永久性的地下部分,在当年植株开花后,地上部分有的当年死亡而根不死,第二年春天从根部重新萌发生长,如菊花。有的地上部分终年常绿,如兰花。

在多年生草本植物中,有些具有肥大的地下部分,如球茎、块根、块茎、鳞茎等,这些地下部分是富含养分的变态茎或变态根,统称为球根植物,如美人蕉、百合、郁金香。

水生植物:终年生长在水中。主要有荷花、睡莲等。

依观赏要求分类:因观赏部位不同,可分为观花、观果、观茎、观芽等。

观花类植物:观赏其花朵,如大丽花、牡丹以及大部分一二年生和多年生的草本植物。

观果类植物：以果实色彩鲜艳、挂果时间长为佳，如佛手。

观叶类植物：这类植物特别适宜室内绿化，观赏期不受季节限制，如文竹、发财树。

观茎类植物：以具有一定特色的茎干为观赏部位，如玉树珊瑚、佛肚竹。

观芽类植物：这类植物极少，目前常见的是银柳，可在花芽肥大时，观其肥大的银色的花芽。

其他类植物：如形态特异、茎叶肥厚的仙人掌类和多肉植物。

▦ 植物吸氧，是微乎其微的

植物和人一样，日夜不停地进行呼吸。所不同的是白天有阳光，植物忙着光合作用，一刻不歇地吸进二氧化碳，吐出氧气。到了晚上，光合作用停止了，这时，植物们悠闲地开始呼吸，它们吸进氧气，吐出二氧化碳。

因此，有人担心，室内长期摆放植物会影响人的健康。也有人担心，植物和人分享氧气，氧气会变少。其实，这种担心是杞人忧天。植物们在白天释放的氧气远远大于自身所需，而夜间吸进的氧气是微乎其微的。否则，树木聚集的森林，永远只有植物，没有动物了。

▦ 植物的生长素

天然的植物激素很少，生长素是最早发现的植物激素。树的树冠，上尖下粗，是生长素作用的结果。顶端芽的生长素能抑制侧枝的生长，而越靠下面的顶端芽，抑制作用则越弱小。人们知道了这一点，就把植物的顶端芽剪掉，发展侧枝，可以收获更多的花果。

▦ 叶柄和托叶

叶柄位于叶片的基部，是支撑叶片与茎的连接部分，上端与叶片相连，下端长在茎上。叶柄是连接在茎和叶片之间的水、营养物质等的通道。有的叶柄细长，如牵牛。有的叶柄局部膨大，如水葫芦。有的近乎无柄，如金丝桃。甚至有的没有叶柄，被称为无柄叶，它们的叶片直接生在茎上。托叶是叶柄的基部、两侧或腋部所着生的细小绿色或膜质片状物。

托叶通常先于叶片长出，并在早期起着保护幼叶和芽的作用。托叶一般较细小。有些植物，托叶的存在是短暂的，随着叶片的生长，托叶很快就脱落，仅留下不为人注意的着生托叶的痕迹(托叶痕)，称为托叶早落，如石楠的托叶。有些植物，托叶变得很细小，成针刺状，称托叶刺，如槐、锦鸡儿。

附录一:常用花卉的花意花语

红玫瑰花语——热恋,希望与你泛起激情的爱

白玫瑰花语——我足以与你相配,你是唯一与我相配的人

黄玫瑰花语——褪色的爱

橙玫瑰花语——富有青春气息、初恋的心情

绿玫瑰花语——纯真简朴、青春长驻

蓝色玫瑰花语——无法得到的东西

紫玫瑰花语——珍惜的爱

香槟玫瑰花语——梦幻的感觉

野荀麻花语花语——相爱

红色风信子花语——让人感动的爱

时钟花花语——爱在你身边

狗尾巴草花语——暗恋

油桐花花语——情窦初开

樱花花语——生命/等你回来

黑色曼陀罗花语——无间的爱和复仇,绝望的爱,不可预知的死亡和爱

蔷薇花语——爱的思念

红蔷薇花语——热恋

深红色蔷薇花语——只想和你在一起

白蔷薇花语——纯洁的爱情

黄蔷薇花语——永恒的微笑

粉蔷薇花语——爱的誓言

粉红色蔷薇花语——我要与你过一辈子

野蔷薇花语——浪漫的爱情

蒲公英花语——无法停留的爱

昙花花语——刹那的美丽,一瞬间永恒

鸢尾花语——绝望的爱

迷迭香花语——回忆不想忘记的过去

夜来香花语——在危险边缘寻乐

郁金香花语——热情的爱

山樱花花语——纯洁/高尚/淡薄

木棉花花语——珍惜眼前的幸福

菖蒲花语——相信者的幸福

德国菖蒲花语——婚姻完美

茉莉花花语——你是我的

紫藤花花语——对你执著,最幸福的时刻

牵牛花花语——爱情永固

蝴蝶兰花语——我爱你

星辰花花语——永不变心

爱丽丝花语——想你

火百合花语——热烈的爱

栀子花花语——永恒的爱/一生的守候/我们的爱

桔梗花语——真诚不变的爱

雏菊花语——隐藏爱情

鳞托菊花语——永远的爱

麦秆菊花语——永恒的记忆

蓝色水菊花语——善变固执无情的你

白日菊花语——永失我爱

白色菊花语——真实坦诚

红色素菊花语——我爱你

波斯菊花语——天天快乐

大波斯菊花语——少女真实的心

矢车菊花语——单身的幸福

翠菊花语——追想可靠的爱情,请相信我

丁香花语——回忆

紫云英花语——没有爱的期待

天竺葵花语——偶然的相遇

红色天竺葵花语——你在我的脑海挥之不去

粉红色天竺葵花语——很高兴能陪在你身边

红色仙客花语——你真漂亮

粉红色山茶花语——是你的爱让我越变越美丽

白色花束花语——把我的一切都奉献给你

雪莲花语——祈愿愿望达成后的安慰

银莲花语——失去的希望

大理花语——华丽、优雅

金凤花花语——智慧

虞美人花语——安慰

玉簪花语——恬静,宽和

时钟花语——爱在你身边

茶花花语——你值得敬慕

杜鹃花语——为了我保重你自己,温暖的,脆的,强烈的感情

紫罗兰花语——感情的监禁,机敏,对我而言你永远那么美

爱丽丝花语——好消息,想你

三色堇花语——美丽的

红色花卉花语——思虑,属性火

黄色三色堇花语——忧喜参半,属性土

紫色三色堇花语——沉默不语,属性暗

香水百合花语——纯洁,高贵

白色的铃兰花语——幸福即将到来

向日葵花语——沉默的爱

水仙花花语——只爱自己

仙人掌花语——你是我的天使

情人草花语——完美爱情

含羞草花语——自卑

忘忧草花语——放下他(她)放下忧愁

彩叶草花语——绝望的恋情

风铃草花语——温柔的爱

金鱼草花语——繁荣昌盛,活泼

三叶草花语——一叶代表祈求,二叶代表希望,三叶代表爱情

四叶幸运草花语——梦想成真

熏衣草的花语是——等待爱情

刺槐花语——友谊

蓍草花语——安慰

薄荷花语——美德

石竹花语——奔放、幻想

杨柳花语——依依不舍

红枫花语——热忱

红豆花语——相思

附录二：含有促癌物质的植物

石粟	变叶木	细叶变叶木	蜂腰榕
猫眼草	泽漆	甘遂	续随子
鸡尾木	多裂麻风树	红雀珊瑚	山乌桕
火殃勒	芫花	结香	狼毒
苏木	广金钱草	红芽大戟	猪殃殃
银粉背蕨	黄花铁线莲	金果榄	曼陀罗
阔叶猕猴桃	海南蒌	苦杏仁	怀牛膝
石山巴豆	毛果巴豆	高山积雪	乌桕
巴豆	麒麟冠	铁海棠	千根草
红背桂花	圆叶乌桕	油桐	木油桐
黄芫花	了哥王	土沉香	细轴芫花
黄毛豆腐柴	假连翘	射干	鸢尾
三棱	红凤仙花	剪刀股	坚荚树

附录三：世界卫生组织定义 健康住宅的标准

　　根据世界卫生组织的定义，"健康住宅"是指能够使居住者在身体上、精神上、社会上完全处于良好状态的住宅，具体标准有：

　　1. 会引起过敏症的化学物质的浓度低；

　　2. 为满足第一点的要求，尽可能不使用易散的化学物质的胶合板、墙体装修材料等；

　　3. 设有换气性能良好的换气设备，能将室内污染物质排至室外，特别是对高气密性、高隔热性来说，必须采用具有风管的中央换气系统，进行定时换气；

　　4. 在厨房灶具或吸烟处要设局部排气设备；

　　5. 起居室、卧室、厨房、厕所、走廊、浴室等要全年保持在 17℃~27℃之间；

　　6. 室内的湿度全年保持在 40%~70%之间；

　　7. 二氧化碳要低于 1000ppm；

　　8. 悬浮粉尘浓度要低于 0.15 毫克/平方米；

　　9. 噪声要小于 50 分贝；

　　10. 一天的日照确保在 3 小时以上；

　　11. 设足够亮度的照明设备；

　　12. 住宅具有足够的抗自然灾害的能力；

　　13. 具有足够的人均建筑面积，并确保私密性；

　　14. 住宅要便于护理老龄者和残疾人；

　　15. 因建筑材料中含有有害挥发性有机物质，所有住宅竣工后要隔一段时间才能入住，在此期间要进行换气。